FORSCHUNGSBERICHT DES LANDES NORDRHEIN-WESTFALEN

Nr. 2690/Fachgruppe Hüttenwesen/Werkstoffkunde

Herausgegeben im Auftrage des Ministerpräsidenten Heinz Kühn
vom Minister für Wissenschaft und Forschung Johannes Rau

Prof. Dr.-Ing. Eberhard von Finckenstein
Dipl.-Ing. Klaus-Jürgen Lawrenz
Lehrstuhl für Umformende Fertigungsverfahren
der Universität Dortmund

Umformung kunststoffbeschichteter Stahlbleche durch Tiefziehen

WESTDEUTSCHER VERLAG 1977

CIP-Kurztitelaufnahme der Deutschen Bibliothek

Finckenstein, Eberhard von
Umformen kunststoffbeschichteter Stahlbleche durch Tiefziehen / Eberhard von Finckenstein; Klaus-Jürgen Lawrenz. - 1. Aufl. - Opladen: Westdeutscher Verlag, 1977.

(Forschungsberichte des Landes Nordrhein-Westfalen; Nr. 2690 : Fachgruppe Hüttenwesen, Werkstoffkunde)
ISBN 978-3-531-02690-9 ISBN 978-3-322-88390-2 (eBook)
DOI 10.1007/978-3-322-88390-2
NE: Lawrenz, Klaus-Jürgen:

Gesamtherstellung: Westdeutscher Verlag

ISBN 978-3-531-02690-9

Inhalt

Verzeichnis der Formelzeichen und Abkürzungen

a	N/mm^2	Fließkurvenkonstante
a_o, a_{45}, a_{90}	N/mm^2	Fließkurvenkonstante bei Probenentnahme unter 0° bzw. 45° bzw. 90° zur Walzrichtung
a_m	N/mm^2	mittlere Fließkurvenkonstante
A_{zu}	mm^2	Fläche des Blechzuschnittes
A_{St}	mm^2	Fläche des Stempelquerschnittes
b_o	mm	Breite einer Zugprobe vor der Umformung
b_1	mm	Breite einer Zugprobe nach der Umformung
b_{φ}		Richtungsfaktor
c		Beiwert zur Berechnung des Niederhalterdruckes
d_o	mm	Ziehstempeldurchmesser
d_f	mm	fiktiver Stempeldurchmesser
D	mm	Rondendurchmesser bzw. Flanschdurchmesser
D_o	mm	Rondenausgangsdurchmesser
D_f	mm	fiktiver Rondendurchmesser
f	mm	Spalt zwischen Blech und Matrize bzw. zwischen Blech und Niederhalter
f_m	mm	Mittelwert des Spaltes f
F_{St}	N	Ziehkraft
F_{NH}	N	Niederhalterkraft
F_{id}	N	ideele Umformkraft
F_{RN}	N	Reibkraft Matrize-Platine-Niederhalter
F_{RZ}	N	Reibkraft infolge Kraftumlenkung am Matrizen-radius
F_{rb}	N	Rückbiegekraft am Auslauf des Matrizenradius

G_o		Glanzgrad vor einer Umformung
G_1		Glanzgrad nach einer Umformung
G_t		Gitterschnittkennwerte
h	mm	Weg des Ziehstößels
h_{max}	mm	maximaler Ziehweg
h_u	mm	Umformweg
h_i	µm	Abstand des Istprofils vom mittleren Profil
H	mm	Pressenhub
k_f	N/mm^2	Fließspannung
L	mm	Bezuglänge bei einer Rauhtiefenmessung
L_v	mm	Vorlauflänge bei einer Rauhtiefenmessung
n		Verfestigungsexponent
n_o, n_{45}, n_{90}		Verfestigungsexponent bei Probenentnahme unter 0° bzw. 45° bzw. 90° zur Walzrichtung
n_m		mittlerer Verfestigungsexponent
n_E	min^{-1}	Drehzahl der Exzenterwelle
p_{NH}	N/mm^2	Niederhalterdruck
P	%	statistische Sicherheit
r		senkrechte Anisotropie
r_o, r_{45}, r_{90}		senkrechte Anisotropie bei Probenentnahme unter 0° bzw. 45° bzw. 90° zur Walzrichtung
r_m		Mittelwert der senkrechten Anisotropie
Δr		planare Anisotropie
r_{St}	mm	Abrundungshalbmesser am Stempelübergang Zarge - Boden
r_M	mm	Ziehradius an der Matrize

r_K		Korrelationskoeffizient
R	mm	1/2 D
R_o	mm	1/2 D_o
R_{St}	mm	1/2 d_o
R_t	µm	Rauhtiefe
R_a	µm	Mittenrauhwert
R_M	$10^8/H$	magnetischer Widerstand
s_o	mm	Ausgangsblechdicke
s_1	mm	Blechdicke nach der Umformung
s_{rel}	%	Variationskoeffizient
s_x, s_y		Standardabweichungen
s_{xy}		Kovarianz
t	s	Zeit
t_u	s	Dauer des Umformvorgangs
ΔT	°C	Temperaturdifferenz
u	mm	Ziehspalt
u_z		bezogener Ziehspalt
u_r	%	Vertrauensbereich bezogen auf den Mittelwert
v_{St}	mm/s	Geschwindigkeit des Ziehstempels
v_r	mm/s	Geschwindigkeit des Platinenrandes
W	Nm	Umformarbeit
x, y, z		Koordinaten
$\bar{x}$		arithmetischer Mittelwert
WR		Walzrichtung

$\tan\alpha$		Anstiegkoeffizient einer Ausgleichsgeraden
β_o		Ziehverhältnis
β_{max}		Grenzziehverhältnis
δ_{80}	%	Bruchdehnung bezogen auf die Meßlänge 80 mm
ε_t	%	tangentiale Dehnung
μ		Reibbeiwert
σ_{NH}	N/mm^2	Drucknormalspannung infolge der Niederhalterkraft
σ_b	N/mm^2	Zugfestigkeit
σ_r	N/mm^2	Radialspannung
σ_t	N/mm^2	Tangentialspannung
σ_H	N/mm	Haftfestigkeit
φ		Umformgrad
φ_s		Dickenumformgrad
φ_b		Breitenumformgrad
φ_t		Umformgrad in tangentialer Richtung
$\dot{\varphi}_t$	1/s	Umformgeschwindigkeit in tangentialer Richtung
φ_1, φ_2		Umformgrade in der Blechebene
$\varphi^* = \lvert\varphi_1\rvert + \lvert\varphi_2\rvert$		Summe der Umformgrade in der Blechebene
ω	s^{-1}	Winkelgeschwindigkeit

alle nicht aufgeführten Formelzeichen und Abkürzungen sind im Text erläutert.

Zusammengefaßter Inhalt

Gegenstand der Untersuchungen

Kunststoffbeschichtete Stahlfeinbleche verbinden die guten mechanischen und technologischen Eigenschaften des Stahles mit den dekorativen und korrosionsschützenden Eigenschaften des Kunststoffes.

Stand der Kenntnisse und Zielsetzung der Arbeit

Auf dem Markt werden eine Vielzahl von Beschichtungssystemen angeboten, die zum Zweck einer Qualitätsprüfung mit zum Teil genormten Methoden untersucht werden. Diese Prüfungen erfolgen im nicht umgeformten Zustand oder durch Deformationen, die den Beanspruchungen beim Fertigungsverfahren Tiefziehen nicht entsprechen. Am Beispiel von PVC-folienbeschichteten sowie polyesterbeschichteten Stahlblechen wird der Einfluß verschiedener Verfahrens- und Werkzeugparameter auf die Umformung und das Ziehergebnis untersucht.

Eigenschaften der Trägerwerkstoffe

Zunächst wurden an Flachzugproben die Eigenschaften der Stahlblechwerkstoffe bestimmt. Dabei konnten Werkstoffkenngrößen wie Zugfestigkeit und Bruchdehnung, die Fließkurven sowie das anisotrope Fließverhalten ermittelt werden. Auch die nachahmenden Prüfverfahren Erichsen-Tiefung, hydraulische Tiefung und Näpfchenzug wurden herangezogen, um zunächst den Trägerwerkstoff zu charakterisieren.

Näpfchenzug als Eignungsprüfung für Schmierstoffe

Dabei zeigte sich, daß der Näpfchen-Tiefziehversuch gut geeignet ist, um Reibbeiwerte unterschiedlicher Schmierstoffe beim Tiefziehen zu ermitteln.

höhere Niederhalterdrücke beim Tiefziehen erforderlich

Um eine Faltenbildung im Ziehflansch zu verhindern (Faltenbildung 1. Ordnung), müssen beim Tiefziehen von kunststoffbeschichteten Stahlblechen wesentlich höhere Niederhalterdrücke gewählt werden als beim Tiefziehen des Trägerwerkstoffes im unbeschichteten Zustand. Dennoch liegen die Grenzziehverhältnisse für beschichtete Bleche der Qualität St 14 für einen bezogenen Stempeldurchmesser von $d_o / s_o \approx 250$ bei $\beta_o = 2{,}5$ und damit erheblich über dem unbeschichteter Werkstoffe. Bei gleichem Ziehverhältnis liegt die maximale Tiefziehkraft bis zu 10 % unter der Tiefziehkraft des unbeschichteten Bleches. Da der relative Anteil der Reibkraft an der Gesamtkraft bei großen Ziehteilen höher ist, ist bei diesen Werkstücken auch die Ziehkraftverringerung am größten.

höhere Grenzziehverhältnisse erreichbar

Beim Tiefziehen unter mechanischen Pressen können relativ hohe Tiefziehgeschwindigkeiten auftreten. Die hierdurch hervorgerufene stärkere Erwärmung der Werkstücke kann insbesondere bei der Verarbeitung thermoplastischer Beschichtungen zu Beschädigungen führen.

hohe Umformgeschwindigkeiten können zu Schäden führen

Die Untersuchungen haben gezeigt, daß durch eine plastische Verformung des Werkstoffes die Haftung zwischen Beschichtung und Trägerwerkstoff geringer wird. Dabei hat neben dem Umformgrad auch die Zusammensetzung der Umformspannungen einen erheblichen Einfluß. Bei gleichem "Flächenumformgrad" $\varphi^* = |\varphi_1| + |\varphi_2|$ vermindert eine Streckziehumformung unter zweiachsigen Zugspannungen die Haftung in erheblich stärkerem Maß als ein Tiefziehumformung unter Zug-Druck-Spannungen. Darüber hinaus muß beachtet werden, daß durch reversibele Umformungen, wie das Biegen

eine Umformung vermindert die Haftung

die Zusammensetzung der Umformspannungen beeinflußt die Haftkraftverringerung

und Rückbiegen am Ziehmatrizenradius der Verbund stark beansprucht wird und die Haftung sich verringert.

Aufgrund der Anforderungen hinsichtlich der dekorativen Wirkung der Beschichtungsoberfläche,ist der Glanzgrad ein wichtiges Beurteilungskriterium. Er sinkt durch einen Umformvorgang ab, dabei ist ebenfalls der Einfluß der Spannungszusammensetzung festzustellen.

Glanzgradabfall durch Umformung

An unbeschichteten Werkstoffen mit "glatter" Oberfläche erhöht sich die Oberflächenrauheit durch eine freie Umformung. Glatte, nicht strukturierte Beschichtungen vermindern diese Aufrauhung. Diese Verminderung ist von der Dicke der Beschichtung abhängig. Wenn jedoch eine Umformung die Beschichtungsdicke verringert, dann verringert sich gleichzeitig die Abnahme der Oberflächenrauheit.

Zunahme der Oberflächenrauheit durch freie Umformung

An gekrümmten Flächen von Tiefziehteilen ist eine Glanzgradbestimmung mit einem Reflektometer nicht möglich. Vergleichende Untersuchungen haben gezeigt, daß aus der Änderung der Rauheitskenngrößen auf den Glanzgradabfall geschlossen werden kann, wenn bei der Erstellung eines Vergleichsdiagramms an den Proben die gleichen Umformbedingungen eingehalten werden wie bei Fertigung des zu prüfenden Werkstückes.

Vergleich zwischen Glanzgradabfall und Zunahme der Oberflächenrauheit

Die Beschichtungsdicke an tiefgezogenen Werkstücken weist sowohl in Zargenlängsrichtung als auch in Umfangsrichtung Schwankungen auf. Sie entsprechen den Änderungen der Blechdicke, die durch die Umformspannungen und die Anisotropie des

Beschichtungsdicke ändert sich in gleicher Weise wie die Blechdicke

Bleches hervorgerufen werden.

Durch die Umformung eines kunststoffbeschichteten Bleches vermindert sich die Fähigkeit der Beschichtung, den Trägerwerkstoff gegen einen korrosiven Angriff zu schützen. Bei den starken Korrosionsbeanspruchungen im Schwitzwasserklima und im Salzsprühnebel zeigte sich, daß der Korrosionsschutz mit steigendem Umformgrad φ^* geringer wird. Bei den verhältnismäßig dicken Folienbeschichtungen erfolgt ein "Unterwandern" der Folie an den Schnittkanten bzw. an Beschädigungen der Beschichtung. In einem bestimmten Korrosionszeitraum ist dabei der Schadensbereich um so größer, je größer die vorangegangene Umformung gewesen ist. Bei dünnen Beschichtungen erfolgt eine Korrosion auf der ganzen Oberfläche. Wie bei der Haftfestigkeit ist hier die Zusammensetzung der Umformspannungen von Bedeutung, durch die auch die Dicke der Beschichtung verändert wird.

Umformung vermindert den Korrosionsschutz

Folienbeschichtungen werden von offenen Schnittkanten her "unterwandert"

bei dünnen Beschichtungen tritt Korrosion auf der ganzen Oberfläche ein

Halbquantitative Korrosionsprüfungen an einem polyesterbeschichteten Werkstoff zeigten folgende Zusammenhänge. Nach einer Streckziehumformung sinkt die Haftfestigkeit der Beschichtung stark ab, und mit der Oberflächenvergrößerung tritt ein Schichtdickenverringerung ein. Der Korrosionsschutz der Beschichtung ist an diesen Proben wesentlich geringer als an Proben die nach einer Zug-Druck-Umformung den gleichen Umformgrad φ^* aufweisen, da hier die Haftfestigkeit höher liegt und die Beschichtungsdicke erhalten bleibt.

halbquantitative Korrosionsprüfungen zeigen für Tiefziehproben einen besseren Korrosionsschutz als für Streckziehproben

1. Einleitung

Werkstücke und Konstruktionen aus Stahl werden zum Schutz vor korrosivem Angriff und zur Verbesserung des Aussehens häufig mit organischen Überzügen versehen. Zum Aufbringen dieser Überzüge auf das Bauteil sind eine Reihe von Verfahren entwickelt worden. Es seien hier nur die wichtigsten wie Tauchen, Spritzen und Streichen genannt.

Schon vor 25 Jahren wurde damit begonnen, für Stahlbleche und Stahlbänder diese Oberflächenveredlung in die Halbzeugstufe zu verlegen. Dieses kontinuierliche Beschichten von Metallbändern mit organischen Überzügen kann in vielen Fällen eine echte Rationalisierung bedeuten und so hat kunststoffbeschichtetes Feinblech im Bauwesen (Außen- und Innenverkleidung) [21, 27, 52, 89] in der Möbelindustrie [47-51, 68, 122] in allen Bereichen des Fahrzeugbaues [30, 39] , im Anlagen- und Gerätebau [16, 22] sowie im Verpackungswesen bereits eine breite Anwendung gefunden. Dieser Werkstoff verbindet die guten mechanischen und technologischen Eigenschaften des Stahles mit den korrosionsschützenden Eigenschaften des Kunststoffes. Darüber hinaus hat dieses Halbzeug eine umfangreiche Farbpalette und kann mit verschiedenen Oberflächeneffekten wie Maserung, Druck und Prägung versehen werden.

2. Verarbeitung und Prüfung von Coil-Coating Verbundsystemen

2.1 Stand der bisherigen Kenntnisse

Das Aufbringen von organischen Schichten auf Metallbändern geschieht kontinuierlich im coil-coating-Verfahren. Dabei werden flüssige bis pastenförmige Stoffe wie warmhärtende Kunstharzlacke auf der Basis von Phenol-, Epoxid-, Arcylat-, Alkyd- und Polyester-Harzen, thermoplastische Kunststoff-Dispersionen oder thermoplastische Kunststoff-Folien verwendet.

Einzelheiten hinsichtlich der verschiedensten Beschichtungsstoffe sowie der technischen Daten von Bandbeschichtungsanlagen werden in zahlreichen Fachaufsätzen aufgeführt. [13, 24, 33, 34, 57, 60, 83, 87, 118]

Von den Beschichterfirmen, den Anlagenherstellern und den Zulieferfirmen sind in den USA (NCCA National Coil Coater Association) und in Europa (ECCA European Coil Coating Association) Fachverbände gegründet worden, denen die Aufgabe zufällt, den Markt für diesen Werkstoff aus kaufmännischer und technischer Sicht zu erschließen. Neben der Erstellung von Lieferstatistiken sollen insbesondere die Prüfverfahren standardisiert werden. Auch in den nationalen und internationalen Normenausschüssen (DIN-, Euro-, Iso-Norm, ASTM) sind bereits Verfahren und Geräte zur Prüfung kunststoffbeschichteter Bleche vereinheitlicht worden. Dabei werden folgende wichtige Prüfverfahren behandelt:

Schichtdicke
Spiegelglanz
Farbdifferenz
Filmhärte
Widerstand gegen Rißbildung bei schneller Umformung
Haftung nach Tiefung
Widerstand gegen Rißbildung bei 180°-Biegung
Salzsprühnebel-Beständigkeit
Wasserbeständigkeit
Beständigkeit gegen beschleunigte Bewitterung
Buchholzhärte
Wärmebeständigkeit.

Die Veränderungen der Halbzeugeigenschaften durch einen Umformvorgang werden bei diesen Prüfverfahren z.T. vernachläßigt oder nur undifferenziert erfaßt. Lediglich die Haftfestigkeitsänderungen an Folienbeschichtungen sind bisher in einer Arbeit von D. Junkers bei praxisnahen Umformbedingungen untersucht worden [45, 46] . Für den Verarbeiter von Feinblechwerkstoffen ist die Verwendung eines kunststoffbeschichteten Halbzeugs insbesondere dann von großem Interesse, wenn kostengünstiger gefertigt werden kann und ein störungsfreier Übergang von der konventionellen Stücklackierung zur "Coil-Coating-Technologie" gewährleistet ist. Darüber hinaus muß bekannt sein, inwieweit die günstigen Eigenschaften des Verbundwerkstoffes auch nach der Umformung vorhanden sind.

2.2 Zielsetzung der vorliegenden Arbeit

Bei der Fertigung von Hohlkörpern aus ebenen Blechzuschnitten erfolgt ein plastisches Fließen des Werkstoffes unter der Wirkung von Spannungen, die durch äußere Kräfte erzeugt werden. Es wird unterschieden zwischen einer Streckziehumformung unter der Wirkung zweiachsiger Zugspannungen und einer Tiefziehumformung, bei der ein zweiachsiger Zug-Druck-Spannungszustand herrscht. Darüber hinaus ist für einfache Werkstoffuntersuchungen die Umformung unter einachsigen Zugspannungen von Interesse.

Am Beispiel von PVC-folienbeschichteten sowie einem polyesterbeschichtetem Werkstoff wird das Umformverhalten kunststoffbeschichteter Stahlbleche untersucht. Dabei sollte insbesondere beim Tiefziehen der Einfluß der Verfahrensparameter Niederhalterdruck, Ziehgeschwindigkeit sowie der Werkzeugparameter Matrizenradius und Stempelradius ermittelt und darüber hinaus einige Schmierstoffe auf ihre Eignung bei der Verarbeitung dieser Verbundwerkstoffe geprüft werden. Es wurden die Grenzen der Umformung bestimmt, wobei das Versagen entweder im Blechwerkstoff, in der Beschichtung oder im Übergangsbereich auftrat.

Eine visuelle Beurteilung ist jedoch im allgemeinen für Werkstücke aus kunststoffbeschichtetem Blech nicht ausreichend. Es wurden deshalb verschiedene Eigenschaftsänderungen wie Oberflächenrauhigkeit, Glanzgrad, Schichtdicke und Haftfestigkeit gemessen und aufgezeigt, welche Abhängigkeit zwischen der Umformbeanspruchung und den Eigenschaftsänderungen besteht. Damit wird ein Beitrag dazu geleistet, das Umformverhalten des Verbundwerkstoffes kunststoffbeschichtetes Stahlblech besser zu beurteilen sowie die Eigenschaftsänderung durch den Umformprozeß besser prüfen zu können.

2.3. Beschreibung der Versuchswerkstoffe

Die Qualität eines Werkstückes aus kunststoffbeschichtetem Feinblech hängt ganz entscheidend von der Haftung der Beschichtung nach dem Formgebungsprozeß ab. Die Haftung hängt einmal von der Art des Beschichtungssystems und der Technologie der Beschichtung zum anderen aber auch von der Oberfläche und dem Umformverhalten des Trägerwerkstoffes ab.

Auf Anregung einer Arbeitsgruppe der Deutschen Forschungsgesellschaft für Blechverarbeitung und Oberflächenbehandlung sind in dieser Forschungsarbeit vier Werkstoffe untersucht worden. Es handelt sich dabei um ein polyesterbeschichtetes System mit einer Beschichtungsdicke von 20 µm sowie um drei PVC-folienbeschichtete Systeme mit einer Beschichtungsdicke von 245 µm. Eine genauere Beschreibung der Systeme ist in Abb. 1 gegeben. Leider wurden die folienbeschichteten Systeme mit genarbter Oberfläche geliefert, so daß ein Teil der Prüfungen an ihnen nicht durchgeführt werden konnte. Auf die Besonderheiten dieser Systeme wird noch im Einzelnen hingewiesen werden.

Bevor jedoch die Eigenschaften der Beschichtungsstoffe und des Verbundes geprüft wurden, mußten zu Beginn der Untersuchungen die Trägerwerkstoffe und deren Eigenschaften untersucht werden.

3. Untersuchungen der Stahlblechwerkstoffe

3.1. Allgemeines

Für die Prüfung der Tiefziehfähigkeit von Feinblechen sind eine Vielzahl von Prüfverfahren entwickelt worden. Sie alle dienen dazu, das Umformvermögen des Blechwerkstoffes beurteilen zu können. Je nach Verfahren wird der Werkstoff dabei unter einachsigen Zugspannungen, zweiachsigen Zugspannungen oder unter Zug-Druckspannungen umgeformt. Es wurden einige Kennwerte ermittelt die eine weitgehend allgemeingültige Aussage möglich machen und sich für die Praxis der industriellen Fertigung als besonders geeignet erwiesen haben.

3.2. Untersuchungen an Zugproben

Die folgenden Versuchsergebnisse wurden an Flachzugproben 20 x 80 DIN 50 114 ermittelt. Darüber hinaus wurden die Vorschriften zur Prüfung metallischer Werkstoffe im Zugversuch nach DIN 50 145 bzw. DIN 50 146 eingehalten.

3.2.1. Zugfestigkeit und Bruchdehnung

Da kaltgewalzte Feinbleche eine Textur aufweisen sind die Werkstoffkennwerte, die man an Zugproben ermittelt, abhängig von ihrer Lage zur Walzrichtung. Es wurden deshalb Proben in Walzrichtung sowie unter 90° und 45° zur Walzrichtung entnommen. Je Versuchsreihe wurden 5 Proben geprüft und daraus Mittelwerte sowie Standardabweichung nach DIN 1319 berechnet. Die Bruchdehnung wurde auf eine Meßlänge von 80 mm bezogen (δ_{80}). Die ermittelten Meßergebnisse sind in Abb. 2 aufgetragen.

Diese Meßergebnisse zeigen, daß unter 45° zur Walzrichtung die größten Zugfestigkeiten und gleichzeitig die geringsten Bruchdehnungen auftreten. Die Mittelwerte der Zugfestigkeit liegen zwischen 330 und 360 N/mm^2 bei mittleren Bruchdehnungen um 40 %. Lediglich der überdressierte Versuchswerkstoff Nr. 1 wies nur eine Bruchdehnung von ca. 35 % auf. Diese geringe Bruchdehnung führte jedoch nicht zu einer Verschlechterung der Tiefziehfähigkeit dieses Verbundwerkstoffes wie sich bei späteren Versuchen zeigte.

3.2.2. Fließkurven

Zur Abschätzung von Umformkräften sowie zur Berechnung der Festigkeit umgeformter Werkstücke ist es notwendig, das Verfestigungsverhalten der Werkstoffe zu kennen. Wie Untersuchungen von M. Reihle und W. Panknin [98, 104, 105] gezeigt haben, läßt sich die Fließspannung k_f bei Kohlenstoffstählen gut durch folgende Potenzfunktionen beschreiben:

$$k_f = a \cdot \varphi^n$$

Dabei sind die Größen a und n werkstoffspezifische Konstanten die sich im einachsigen Zugversuch ermitteln lassen. Für die vier Versuchswerkstoffe sind die Kennwerte a und n in Abb. 3 dargestellt. Wie aus der Tabelle hervorgeht, sind jedoch auch diese Größen abhängig von der Lage innerhalb der Blechebene. Es zeigte sich, daß in Walzrichtung die größte Verfestigung auftritt und unter 45° zur Walzrichtung die geringste. Dabei kann der Unterschied bis zu 30 % betragen. Ein Einfluß der Walzrichtung auf die Konstante a ist nicht erkennbar.

Die Mittelwerte a_m und n_m wurden in folgender Weise gebildet:

$$a_m = (a_0 + a_{90} + 2a_{45}) \cdot 0{,}25$$

$$n_m = (n_0 + n_{90} + 2n_{45}) \cdot 0{,}25$$

Aus diesen Größen wurden "mittlere" Fließkurven berechnet wie sie in Abb. 4 dargestellt sind.

3.2.3. Untersuchung des anisotropen Fließverhalten der Werkstoffe

Die im Zugversuch gewonnenen Werkstoffkennwerte wie Zugfestigkeit, Bruchdehnung und Verfestigungsexponent sind abhängig von der Lage der Proben zur Walzrichtung des Bleches. Darüber hinaus erfolgt bekanntlich bei Feinblechen das Fließen des Werkstoffes in Dicken- und Breitenrichtung nicht gleichberechtigt.

3.2.3.1. Ermittlung der senkrechten Anisotropie

Durch Umformvorgänge beim Walzen erhalten Feinbleche eine Textur. Die Kristallite werden durch das Umformen in bestimmte Richtungen orientiert, wodurch eine Anisotropie der mechanischen Eigenschaften entsteht. Diese Anisotropie beeinflußt bei Ziehvorgängen das Fließen des Werkstoffes in Dickenrichtung und in Richtung der Blechebene und kann an Blechen mit Hilfe von Flachzugproben ermittelt werden. Diese haben eine Ausgangsbreite b_o und eine Ausgangsdicke s_o. Nach den Empfehlungen der Internationalen Arbeitsgemeinschaft zur Prüfung der Tiefziehbarkeit (IDDRG) werden die Proben um 20 % gedehnt und haben dann eine Breite b_1 und eine Dicke s_1. Der logarithmische Breitenumformgrad ist

$$\varphi_b = \ln \frac{b_1}{b_0}$$

und der logarithmische Dickenumformgrad

$$\varphi_s = \ln \frac{s_1}{s_0}$$

Die senkrechte Anisotropie wird aus dem Verhältnis des Breitenumformgrades und des Dickenumformgrades ermittelt.

$$r = \frac{\varphi_b}{\varphi_s}$$

Für Stahlfeinbleche liegt dieser Faktor der senkrechten Anisotropie zwischen 1,1 und 2,5 , d.h. der Werkstoff fließt bevorzugt aus der Breite. Dies ist ein für das Tiefziehen günstiges Werkstoffverhalten. Aufgrund der Walztextur ist dieser Wert richtungsabhängig, dabei liegen bei allen vier Versuchswerkstoffen die Werte höchster Anisotropie unter 90° zur Walzrichtung und niedrigster unter 45° WR. Deshalb ist ein Mittelwert definiert als

$$r_m = (r_0 + r_{90} + 2\, r_{45}) \cdot 0{,}25$$

Dieser Mittelwert der senkrechten Anisotropie ermöglicht keinerleit Aussagen über die Richtungsabhängigkeit der Anisotropie. Die Differenz zwischen größter und kleinster auftretender senkrechter Anisotropie ist jedoch ein Kriterium für das Ausmaß der auftretenden Zipfelbildung. Außerdem wird später noch aufgezeigt werden, daß die Richtungsabhängigkeit der Anisotropie sich auch auf das Korrosionsverhalten auswirkt.

3.2.3.2. Ermittlung der planaren Anisotropie

Wie bereits erwähnt ist der Wert r der senkrechten Anisotropie i.a. in der Blechebene nicht konstant, sondern ändert sich mit dem Winkel zur Walzrichtung. Ein Maß für diese sogenannte ebene oder planare Anisotropie, d.h. die Änderung des r-Werts in der Blechebene, ist der Wert Δr. Er wird aus den längs, quer und diagonal zur Walzrichtung ermittelten r-Werten berechnet.

$$\Delta r = (r_0 + r_{90} - 2\, r_{45}) \cdot 0{,}5$$

Für die vier Versuchswerkstoffe sind die Werte der senkrechten und planaren Anisotropie in der Tabelle Abb. 5 eingetragen. Um die Verteilung zu veranschaulichen ist sie außerdem in Abb. 6 graphisch dargestellt.

3.3. Untersuchungen zur Streckziehfähigkeit

Bei der Umformung von Blechen unterscheidet man einige idealisierte Beanspruchungsarten des Werkstoffes. Bezeichnet man die Umformgrade in der Blechebene mit φ_1 und φ_2 und den Umformgrad senkrecht zur Blechebene mit φ_3 , so kann man folgende Bereiche abgrenzen:

1. einachsiger Zug :	$\varphi_1 = -2\varphi_2$	$\varphi_2 = \varphi_3$
2. ideales Tiefziehen:	$\varphi_1 = -\varphi_2$	$\varphi_3 = 0$
3. plain strain:	$\varphi_1 = -\varphi_3$	$\varphi_2 = 0$
4. ideales zweiachsiges Strecken:	$\varphi_1 = \varphi_2$	$\varphi_3 = -2\varphi_2$

In allen Fällen ist $\varphi_1 > 0$.

Bei einem realen Werkstück sind im allgemeinen mehrere Beanspruchungsarten gleichzeitig vorhanden und z.T. überlagert. Ein gutes Hilfsmittel zur Beurteilung der Werkstoffbeanspruchung ist die Grenzformänderungskurve. Die Aufnahme eines Grenzformänderungsschaubildes erfordert jedoch einen verhältnismäßig großen versuchstechnischen Aufwand. Deshalb kann in der Praxis dieses Verfahren nur in speziellen Fällen eingesetzt werden. Man verwendet deshalb meist die relativ einfachen nachahmenden Prüfverfahren. Die Prüfungen lassen sich mit einem verhältnismäßig geringen Aufwand auf einer sogen. Blechprüfmaschine durchführen wie sie in Abb. 7 zu sehen ist.

3.3.1 Erichsen-Tiefungsversuch

Eines der einfachsten nachahmenden Prüfverfahren ist der Erichsen-Tiefungsversuch nach DIN 50 101. [3,4] Bei dieser Prüfung wird der Werkstoff überwiegend durch zweiachsiges Strecken beansprucht. Wie aus der Tabelle Abb. 8 zu ersehen ist, ergeben sich für die Versuchswerkstoffe 2,3 und 4 Tiefungswerte von etwa 11,3mm, für den Versuchswerkstoff 1 (überdressiert) ergibt sich nur ein Tiefungswert von 10,3 mm. Es muß hier ausdrücklich darauf hingewiesen werden, daß nur eine Aussage über die Streckzieheigenschaft erfolgt. Bei einer Tiefziehbeanspruchung können sich diese Verhältnisse umkehren wie sich bei entsprechenden Versuchen gezeigt hat, über die im folgenden noch berichtet wird.

3.3.2 Hydraulischer-Tiefungsversuch

Ebenfalls einer zweiachsigen Zugbeanspruchung unterliegt der Werkstoff beim hydraulischen Tiefungsversuch. Die Umformung erfolgt durch eine Hydraulikflüssigkeit. Dadurch wird jeglicher Reibeinfluß vermieden. Da gleichzeitig ein Nachfließen des Werkstoffes aus dem Einspannbereich verhindert wird, liegt hier ein ideales zweiachsiges Streckziehen vor.[Abb. 9] Die Meßwerte liegen für die Versuchswerkstoffe 2,3 und 4 etwa bei 36,4 mm und für den Versuchswerkstoff 1 bei 34,8 mm, entsprechen also den Ergebnissen des Erichsen-Tiefungsversuches [Abb. 11].

Wie Untersuchungen gezeigt haben, kann man beim hydraulischen Tiefungsversuch im Bereich der Kuppe bis zu Durchmessern vom 1/4 des Matrizendurchmessers von einer homogenen Umformung sprechen [32] . Deshalb sind diese Proben auch sehr gut geeignet, um Veränderungen der Verbundwerkstoffeigenschaften bei Streckziehbeanspruchungen zu untersuchen.

4. Tiefziehen zylindrischer Näpfchen als nachahmendes Prüfverfahren

4.1 Allgemeines

Die Herstellung von Hohlkörpern durch Tiefziehen im Anschlag ist ein in der Praxis häufig angewandtes Fertigungsverfahren. Es sei hier insbesondere auf die grundlegenden Untersuchungen von W. Panknin hingewiesen [98] .
Wie aus Abb. 10 zu ersehen ist, erfolgt beim Tiefziehen die Formgebung in der Weise, daß ein vorgehender Stempel den Werkstoff der Platine aus dem Bereich zwischen Matrize und Niederhalter über den Matrizenradius zieht. Dadurch verringert sich der Flanschaußendurchmesser D stetig. Vom Rondenausgangsdurchmesser D_o ausgehend erreicht er am Ende des Ziehvorgangs den Stempeldurchmesser d_o. Die Umformung im Flanschbereich erfolgt dabei unter der Wirkung radialer Zug- und tangentialer Druckspannungen. Durch die Niederhalterkraft F_{NH} wird eine

Drucknormalspannung σ_{NH} erzeugt, die eine Faltenbildung im Flansch verhindert.

Die Ziehkraft F_{St} kann nach W. Panknin in vier Teilkräfte zerlegt werden.

F_{id} = ideelle Umformkraft

F_{RN} = Reibkraft Matrize-Platine-Niederhalter

F_{RZ} = Reibkraft infolge Kraftumlenkung am Matrizenradius

F_{rb} = Rückbiegekraft am Auslauf des Matrizenradius

Es ist also

$$F_{St} = F_{id} + F_{RN} + F_{RZ} + F_{rb}$$

4.2 Einfluß verschiedener Schmierstoffe auf die Tiefziehkraft

Die ideelle Umformkraft F_{id} und die Rückbiegekraft F_{rb} werden durch die Fließspannung des Werkstoffes sowie durch die Geometrie des Werkzeuges bestimmt; sie sind reibungsunabhängig.

Nach Panknin ist die Kraft

$$F_{RN} = 2\mu F_{NH} \cdot \frac{d_o}{D}$$

sowie

$$F_{RZ} = (e^{\mu\frac{\pi}{2}} - 1)\ (F_{id} + F_{RN})$$

Zur Berechnung dieser Kräfte muß der Reibbeiwert μ ermittelt werden. Hierzu wurden folgende Versuchsreihen durchgeführt. Aus Ronden mit einem Durchmesser von 75 mm wurden 33 mm-Einheitsnäpfchen gezogen, dies entspricht einem Ziehverhältnis von $\beta_o = 2{,}27$. Ausgehend von einer Niederhalterkraft von 4 kN wurde diese stufenweise erhöht. Dadurch erhöhen sich die Reibkräfte F_{RN} und F_{RZ} und damit das Maximum der Ziehkraft. Wegen der geringen Reibung zwischen Kunststoffschicht und polierter Werkzeugoberfläche ist diese Erhöhung über einen relativ großen Bereich möglich, bis ein Versagen infolge Bodenreißer auftritt. Abb. 12 zeigt für trockene Reibung sowie für 2 unterschiedliche Schmierstoffe, daß die maximale Ziehkraft linear mit der Niederhalterkraft zunimmt. Je Versuchsreihe wurden ca. 30 Meßpunkte aufgenommen und mit Hilfe eines Rechenprogrammes die Geradengleichung nach der Methode der kleinsten Fehlerquadrate bestimmt.

$$F_{St} = F_{id} + F_{rb} + 2\mu \frac{d_o}{D} F_{NH} + (e^{\mu \frac{\pi}{2}} - 1) \cdot (F_{id} + F_{RN})$$

$$= (e^{\mu \frac{\pi}{2}} \cdot F_{id} + F_{rb}) + 2\mu \frac{d_o}{D} e^{\mu \frac{\pi}{2}} \cdot F_{NH}$$

In der Darstellung $F_{St} = f\ (F_{NH})$ ist dies die Gleichung einer Geraden mit der Steigung

$$\tan\ \alpha = 2\mu \frac{d_o}{D} e^{\mu \frac{\pi}{2}} .$$

Der Kraft-Weg-Schrieb zeigt, daß das Kraftmaximum bei einem Ziehweg von h = 18 mm liegt.

d_o = 33 mm	Versuchswerkstoff Nr. 1
r_{St} = 4,3 mm	D_o = 75 mm
r_M = 3,0 mm	s_o = 0,88 mm

Unter der Annahme, daß die Oberflächen von Platine und Werkstück gleich sind, ergibt sich für diesen Zeitpunkt ein Flanschaußendurchmesser von D = 57 mm. Der Anstieg der in Abb. 12 dargestellten Geraden beträgt

$\tan\ \alpha_a = 0{,}1328$

$\tan\ \alpha_b = 0{,}0551$

$\tan\ \alpha_c = 0{,}0328$.

Durch Umstellen der Gleichung für die Geradensteigung erhält man

$$\mu \cdot e^{\mu \frac{\pi}{2}} = \frac{D \cdot \tan\alpha}{2\, d_o}$$

Durch logarithmieren erhält man eine transzendente Gleichung der Form

$$f(\mu) = \ln \mu + \mu \frac{\pi}{2} - \ln \frac{D \cdot \tan\alpha}{2\, d_o}$$

Mit Hilfe des Newtonschen Nährungsverfahren läßt sich schrittweise eine Näherungswert berechnen.

$$\mu_{n+1} = \mu_n - \frac{f(\mu_n)}{f'(\mu_n)}$$

Damit ergeben sich folgende Reibbeiwerte:

trockene Reibung	$\mu_a = 0{,}093$
HSD-Gel	$\mu_b = 0{,}044$
HSD-Spezial MB	$\mu_c = 0{,}027$

Bei den hier genannten Polymer-Schmierstoffen Corrophobin HSD-Gel und Corrophobin HSD-Spezial-MB handelt es sich um gelblich klare wasserlösliche Flüssigkeiten. Sie reagieren chemisch neutral auf die Beschichtungswerkstoffe und sind zudem biologisch abbaubar. Sie wurden bei diesen Versuchen unverdünnt eingesetzt, haben jedoch nach Angaben des Herstellers auch als wässrige Lösungen sehr gute Schmiereigenschaften.

4.3 Einfluß verschiedener Schmierstoffe auf das Grenzziehverhältnis

Um die Ergebnisse des beschriebenen Schmiermittelprüfverfahrens mit einem allgemein bekannten Verfahren zu erhärten, wurden die Grenzziehverhältnisse β_{max} bestimmt. Das Grenzziehverhältnis ist definiert als der Quotient aus dem maximalen Rondendurchmesser D_o, bei dem noch kein Versagen eintritt, und dem Stempeldurchmesser d_o.

$$\beta_{max} = \frac{D_{o\,max}}{d_o}$$

Bei den hier untersuchten unlegierten Stahlblechen tritt ein Versagen durch das Auftreten von Bodenreißern auf. Es muß beachtet werden, daß das Grenzziehverhältnis auch durch das Verhältnis von Stempeldurchmesser zu Blechdicke beeinflußt wird. Bei einem Verhältnis $d_o/s_o = 37{,}5$ wurden folgende Grenzziehverhältnisse erreicht.

trockene Reibung	$\beta\,max_a = 2{,}36$
HSD-Gel	$\beta\,max_b = 2{,}42$
HSD-Spezial-MB	$\beta\,max_c = 2{,}49$

Durch diese Grenzziehverhältnisse wird also das Ergebnis der vorherigen Versuche bestätigt. Bei diesen Versuchen wurden im Bereich des Grenzziehverhältnisses die Durchmesser der Platinen sehr eng gestuft, um eine differenzierte Aussage zu erzielen.

Ergänzende Untersuchungen mit einer speziellen Ziehfolie sowie mit Vaseline ergaben ein geringeres Grenzziehverhältnis.

Die Versuche mit den PVC-folienbeschichteten Werkstoffen haben gezeigt, daß bis zum Versagen des Blechgrundwerkstoffes kein Versagen der Folie in Form einer Ablösung oder eines Reißens auftritt. Ob das Werkstück noch den gestellten Anforderungen entspricht, kann nur aufgrund der Ergebnisse differenzierter Prüfmethoden entschieden werden.

Anders sehen die Ergebnisse der Versuche mit dem polyesterbeschichteten Versuchsblech aus. Das Versagenskriterium für den Grundwerkstoff ist auch hier das Auftreten von Bodenreißern. Da dieser Werkstoff zum Schutz der Beschichtung während des Transports und der Verarbeitung einseitig mit einer 80 µm dicken Schutzfolie versehen ist, wurden zunächst eine Reihe von Schmierstoffen untersucht, und die Schutzfolie auf dem Werkstoff belassen.

Es wurden die beiden schon genannten Polymerschmierstoffe, ein wasserlöslicher weißer pastöser Schmierstoff Draw-Ex-41 (Esso) sowie Paraffin erprobt. Wie aus Abb. 13 F-K zu ersehen ist, wurden mit dem Polymerschmierstoff HSD-Spezial-MB (Fa. Moll) die besten Ergebnisse erzielt. Dabei war zu beobachten, daß ein Versagen beim Schmierstoff Draw-Ex 41 nicht wie üblicherweise am Übergang vom Bodenradius in der Zarge, sondern am Übergang vom Boden in den Bodenradius auftrat. Abb. 14 zeigt links das Versagen bei Überschreiten des Grenzziehverhältnis mit Paraffin als Schmiermittel und rechts mit Draw-Ex 41. Bei gleichem Rondenausgangsdruchmesser und damit gleichem Ziehverhältnis ist die Abreißkraft im linken Versagensfall höher als im rechten. Diese Erscheinungen sind folgendermaßen zu erklären. Bei den Versuchen zur Bestimmung der Grenzziehverhältnisse wurden die Schmierstoffe auf beiden Seiten der Platinen gleichmäßig aufgetragen. Der pastöse Schmierstoff Draw-Ex 41 bewirkt eine sehr geringe Reibung zwischen Werkzeug und Werkstück. Auch im Bereich des Stempelradius, wo eine sehr große Flächenpressung auftritt, wird die Reibung relativ stark vermindert. Im Gegensatz zu den übrigen Schmiermitteln kommt es auch in diesem Bereich noch zu einer Zunahme der Zugspannungen,und so tritt ein Versagen beim Übergang in die Bodenzone ein.

Da sich bei den PVC-folienbeschichteten Versuchswerkstoffen gezeigt hat,daß eine zusätzliche Zieh- und Schutzfolie das Zieh-ergebnis auch negativ beeinflussen kann, wurde für eine zweite Versuchsreihe diese Folie entfernt. Abb. 13 A-E zeigt, daß die Grenzziehverhältnisse niedriger liegen. Im Gegensatz zu den PVC-Beschichtungen wird sich die Folie bei der Polyesterbeschichtung positiv aus. Es zeigte sich jedoch, daß eine Haftung zwischen Beschichtung und Schutz- bzw. Ziehfolie nach dem Tiefziehprozeß nicht mehr vorhanden ist. Die Folie ist zwar nicht gerissen, d.h. sie wird beim Tiefziehvorgang nicht beschädigt, löst sich dann jedoch vom Werkstück und kann für weitere Bearbeitungsvorgänge keine Schutzfunktion mehr übernehmen. Dies gilt sowohl für die werkseitig auf die Polyesterbeschichtung aufgebrachte Folie, als auch für die nachträglich auf die PVC-Beschichtung aufgebrachte selbsthaftende Ziehfolie.

Während bei den Versuchswerkstoffen 1,2 und 3 visuell kein Versagen der Beschichtung zu erkennen ist, liegt die Grenze der Umformung für den polyesterbeschichteten Werkstoff beim Versagen der Beschichtung.

Es kommt im oberen Drittel eines Ziehteiles zu einem Aufreißen und schuppenartigen Ablösen der Beschichtung (Abb. 15). Diese Schäden treten im wesentlichen in Walzrichtung und unter 90° zur Walzrichtung auf, da der Umformgrad auf dem Umfang eines Werkstückes wegen der planaren Anisotropie Schwankungen aufweist. Hierauf wird im Einzelnen bei den Untersuchungen an den größeren Werkstücken noch eingegangen werden. Dieses Versagen polyesterbeschichteter Werkstoffe wird darüber hinaus vom Schmierstoff und von der Werkzeuggeometrie wesentlich beeinflußt. Da bei allen Versuchen polierte Werkzeugoberflächen eingesetzt wurden, hatte die Schutzfolie keinen oder nur einen sehr geringen Einfluß auf das Aussehen der Oberfläche nach dem Tiefziehen.

Der Einfluß des Schmiermittels bei unterschiedlichen Umformgeraden zeigt sich wie folgt. Während im nicht oder nur gering umgeformten Bereich der Werkstücke durch keinen der eingesetzten Schmierstoffe eine optisch erkennbare Veränderung der empfindlichen weißen Oberfläche festgestellt werden konnte, hat das Schmiermittel im stärker umgeformten Bereich einen großen Einfluß auf den Beginn und die Stärke der Ablösung. Abb. 16 zeigt zwei Werkstücke die unter sonst gleichen Bedingungen ($\beta_0 = 2,3$) jedoch mit unterschiedlichen Schmierstoffen gezogen wurden. Während beim Schmierstoff HSD-Spezial-MB keine Schäden erkennbar sind, führt eine Schmierung mit HSD-Gel zu starken Ablösungen. Offensichtlich kommt es zu einer chemischen Reaktion zwischen Schmierstoff und der unter großen inneren Spannungen stehenden Polyesterbeschichtung. Diese Reaktion führt zu einer Schwächung des vernetzten Systems und dann zu einem Reißen der Schicht mit gleichzeitiger Ablösung. Dabei sind die Schäden unmittelbar nach Beendigung des Tiefziehvorgangs nur sehr gering und erreichen ihr volles Ausmaß erst innerhalb der nächsten Stunden. Diese Erscheinungen treten wie erwähnt nur im Bereich größerer Umformgrade auf, und bei Versuchen mit Ziehverhältnissen $\beta_0 < 1,8$ waren keine Schädigungen feststellbar.

Beim Tiefziehen mit Schutzfolie kommt die Beschichtung auf der Außenseite während des Tiefziehens nicht mit dem Schmiermittel in Berührung. Da sich die Schutzfolie aber unmittelbar nach Beendigung der Umformung ablöst, kommt auch dieser Bereich während der Reinigung mit trockenen Putztüchern mit dem Schmierstoff in Berührung und es erfolgt nun ein Ablösen. Die Spannungen, die die Polyesterbeschichtung reaktionsanfällig machen, bauen sich als Funktion der Zeit ab. Näpfe mit großem Ziehverhältnis, die erst nach einigen Tagen mit diesem Schmiermittel in Berührung kamen, zeigten keine Ablöseerscheinungen mehr. Neben diesen Schäden durch einen nicht geeigneten Schmierstoff macht sich der Einfluß der Werkzeuggeometrie durch folgende Erscheinungen bemerkbar. Wird ein Werkstück bei großem Ziehverhältnis mit einem Restflansch gezogen, so treten im Zargenbereich und im Bereich des Ziehradius Schäden auf, während der Flansch unbeschädigt bleibt. Obwohl die Flanschzone aufgrund der radialen Zug- und tangentialen Druckspannungen stärker umgeformt ist, hat offensichtlich die zusätzliche

Biegeumformung im Ziehradius einen erheblichen Einfluß auf das Versagen der Beschichtung.

Das Werkzeug, mit dem diese Versuche durchgeführt wurden, wies folgende Werkzeugparameter auf.

Stempeldurchmesser	d_o	= 50 mm
Stempelkantenradius	r_{St}	= 7 mm
Ziehradius an der Matrize	r_M	= 3 mm
bez. Ziehspalt	U_z	= 1,42 (1,30)

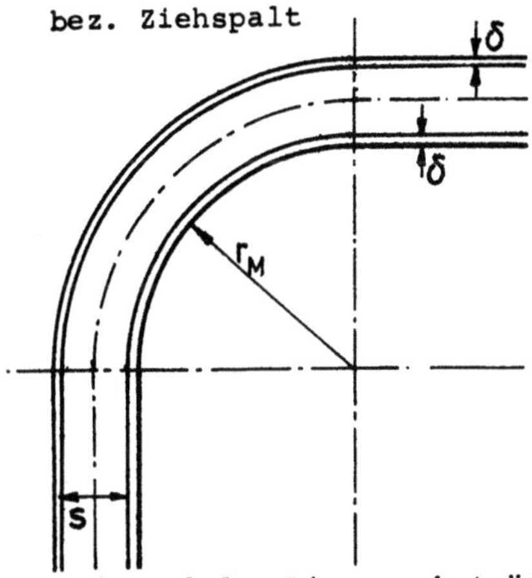

Blechdicke s = 0,61 mm

Beschichtungsdicke

δ = 0,02 mm

Aufgrund der Biegung beträgt die Dehnung $\varepsilon = \frac{\Delta l}{l_o} \cdot 100\ [\%]$.

$$\Delta l = l_1 - l_o$$

$$l_o = (r_M + \delta + \frac{s}{2}) \cdot \frac{\pi}{2}$$

$$l_1 = (r_M + s + 2\delta) \cdot \frac{\pi}{2}$$

$$\Delta l = \frac{\pi}{2} [(r_M + s + 2\delta) - (r_M + \delta + \frac{s}{2})] = \frac{\pi}{2} (\frac{s}{2} + \delta)$$

$$\varepsilon = \frac{s + 2\delta}{2 r_M + s + 2\delta} \cdot 100 \quad [\%]$$

Das heißt für diesen speziellen Fall, daß der Werkstoff im Ziehradius um

$$\varepsilon = \frac{0{,}65}{6{,}65} \cdot 100 = 9{,}8\ \%$$ gedehnt wird.

Unter diesen Ziehbedingungen lag die Schadensgrenze bei einem Ziehverhältnis von $\beta_o = 2{,}1$ bis $\beta_o = 2{,}2$. Lediglich beim Schmiermittel HSD-Gel sank die Grenze auf $\beta_o = 1{,}8$ (Abb. 17).

Bei der Beurteilung der Werkstücke kann beobachtet werden, daß ein Reißen und Ablösen der Beschichtung auf der Innenseite der Ziehteile früher auftritt als auf der Außenseite. An der Innenseite herrschen im Biegebereich des Ziehradius Zugspannungen. Derartige "Zugumformungen" führen an einer Polyesterbeschichtung bei gleichem Umformgrad früher zu einem Versagen als "Druckumformungen", wie auch später genannte Ergebnisse zeigen werden. Die in späteren Versuchen tiefgezogenen großen Ziehteile (Ø = 150 mm) wiesen wesentlich geringere Schäden auf, obwohl am fertigen Werkstück der gleiche Umformgrad vorliegt. Diese Werkzeuge hatten Ziehradien von $r_M = 7$ mm, dadurch verringert sich die Biegedehnung auf $\varepsilon \approx 4\%$.

Die beim Tiefziehen zylindrischer Näpfchen im Einzelnen beschriebenen Ergebnisse kann man wie folgt kurz zusammenfassen. Beim Tiefziehen der PVC-folienbeschichteten Werkstoffe ist die Grenze der Umformung durch das Versagen des Blechwerkstoffes infolge des Auftretens von Bodenreißern bestimmt. Ein Versagen der Beschichtung durch Ablösen oder Reißen tritt bis zu dieser Grenze nicht auf.
Bei Polyesterbeschichtung treten jedoch vor Versagen des Blechwerkstoffes Schäden an der Beschichtung auf. Diese werden durch die Zug-Druck-Umformung im Flanschbereich hervorgerufen, der eine Biege- und Rückbiegebeanspruchung im Ziehradius überlagert ist. In der Beschichtung sind nach dem Tiefziehen Spannungen vorhanden, diese werden jedoch zum Teil als Funktion der Zeit abgebaut. Falls es jedoch zu chemischen Reaktionen zwischen bestimmten Schmiermitteln und Kunststoff kommt, so führen diese Spannungen unmittelbar nach dem Tiefziehen zu einem Aufreißen der Beschichtung.

5. Tiefziehversuche mit starren Werkzeugen

In der industriellen Fertigung werden der größte Teil der Werkstücke mit sogenannten starren Werkzeugen gefertigt. Die Form der Teile wird durch die Geometrie der starren Werkzeugelemente Stempel, Ziehmatrize und Niederhalter bestimmt. Darüberhinaus gibt es eine Reihe von Sonderverfahren, bei denen elastische Werkzeugelemente oder flüssige Wirkmedien mit kraftgebundener Wirkung an der Formgebung beteiligt sind.

5.1. Tiefziehen unter einer hydraulischen Tiefziehpresse mit geringen Umformgeschwindigkeiten

5.1.1. Beschreibung der Tiefziehpresse

Für diese Tiefziehversuche wurde die in Abb. 18 dargestellte dreifachwirkende hydraulische Presse mit einer Gesamtpreßkraft von 2600 kN eingesetzt. Die maximale Ziehstößelkraft beträgt 1600 kN, die maximale Niederhalterkraft 1000 kN. Mit dem Ziehkissen im Pressentisch kann eine maximale Ziehkissenkraft von 800 kN aufgebracht werden. Bei einer Tisch- und Niederhalterabmessung von 1000 x 1000 mm und einer Stößelfläche von 650 x 650 mm hat die Presse einen Ziehstößelhub von 750 mm und einen Niederhalterhub von 405 mm. Für den Einsatz unter dieser Presse wurde ein Versuchswerkzeug entworfen und in der Zentralwerkstatt der Abteilung Maschinenbau gefertigt.

5.1.2. Versuchswerkzeug und Meßaufbau

Dieses Versuchswerkzeug (Abb. 19) wurde so konzipiert, daß sich Ziehmatrize, Niederhalter und Ziehstempel leicht auswechseln lassen, da auch der Einfluß von Matrizenradius und Stempelradius untersucht werden sollte . Zudem sollten auf demselben Werkzeug zylindrische und quadratische Werkstücke gefertigt werden. Da auch unterschiedliche Blechdicken zu untersuchen waren, wurde mit dem System "Einheitsmatrize" gearbeitet. Da Niederhalter und Matrize vergütet, geschliffen und poliert werden müssen (Werkstoff X 210 Cr 12, Werkst.-Nr. 1.2080), wegen der geringen Stückzahlen der Stempel jedoch unvergütet bleiben kann, ist dieses System kostengünstiger. Bei allen Matrizen zum Tiefziehen zylindrischer Teile betrug

der Innendurchmesser 152 mm. Für quadratische Werkstücke betrugen die Innenabmessungen 102 mm x 102 mm.
Zur Messung der Stößelkraft, der Niederhalterkraft und der Gesamtpreßkraft waren DMS-Kraftmeßkörper im Werkzeug eingebaut. Mit einem UV-Lichtstrahlozsillographen wurden die Kraftverläufe während des Tiefziehvorgangs aufgezeichnet. Der Ziehstößelweg wurde mit einem induktiven Wegaufnehmer gemessen und durch differenzieren dieser Meßgröße mittels einer elektronischen Schaltung konnte gleichzeitig die Geschwindigkeit des Ziehstößels bestimmt werden.

5.1.3. Berechnung der Umformgeschwindigkeit

Wie schon Untersuchungen an folienbeschichteten Werkstoffen im Zugversuch gezeigt haben, reagiert der Verbundwerkstoff empfindlich auf Geschwindigkeitssteigerungen [45]. Es wurde festgestellt, daß bei gleichem Umformgrad die Haftfestigkeit der Beschichtung durch eine höhere Dehngeschwindigkeit stärker vermindert wird. Für die Beschreibung eines Umformvorgangs ist es deshalb notwendig, die Umformgeschwindigkeit während des Tiefziehens zu kennen.

Bei den im folgenden Abschnitt beschriebenen Versuchsreihen wurde die Arbeitsgeschwindigkeit des Ziehstößels konstant gehalten und betrug v_{St} = 30 mm/s.
Für die folgende Berechnung wurden die Bezeichnungen aus Abb. 10 übernommen. Die Oberfläche von Platine und Werkstück ist nahezu gleich und außerdem ist die Oberflächenveränderung durch Stempel- und Matrizenabrundung vernachlässigbar klein und bleibt deshalb unberücksichtigt.

$$D_o^2 \frac{\pi}{4} = D^2 \frac{\pi}{4} + d_o \pi h_z$$

$$D = (D_o^2 - 4 d_o h_z)^{0,5}$$

$$\frac{dD}{dt} = 0,5 \cdot (D_o^2 - 4 d_o h_z)^{-0,5} \quad (- 4 d_o \frac{dh_z}{dt})$$

$$\frac{dh_z}{dt} = v_{St}$$

$$\frac{dD}{dt} = -\frac{2d_o}{\sqrt{D_o^2 - 4d_o h_z}} \cdot v_{St} \quad .$$

Der tangentiale Umformgrad am Flanschrand ist

$$\varphi_t = \ln \frac{D}{D_o}$$

Die Umformgeschwindigkeit ist

$$\dot{\varphi}_t = \frac{d\varphi_t}{dt}$$

Damit ist

$$\dot{\varphi}_t = \frac{1}{D} \cdot \frac{dD}{dt}$$

$$\dot{\varphi}_t = \left| -\frac{1}{D} \cdot \frac{2d_o}{\sqrt{D_o^2 - 4d_o h_z}} \cdot v_{St} \right| = \left| -\frac{2d_o}{D_o^2 - 4d_o h_z} \cdot v_{St} \right|$$

Bei einem Stempeldurchmesser d_o = 150 mm und einem max. Ziehverhältnis β_o = 2,5 ergibt sich eine Ziehteilhöhe h_z von 197 mm. Beim Tiefziehen dieses Werkstückes beträgt die Umformgeschwindigkeit zu Beginn

$$\dot{\varphi}_t (h_z = 0) = 0{,}064 \quad \left[\frac{1}{s}\right]$$

und am Ende

$$\dot{\varphi}_t (h_z = 197) = 0{,}401 \quad \left[\frac{1}{s}\right] \quad .$$

Über den Mittelwertsatz der Integralrechnung

$$\bar{\dot{\varphi}}_t = \frac{1}{h_{max}} \cdot \int_0^{h_{max}} \dot{\varphi}_t (h_z)\, dh_z = \frac{v_{St}}{2h_{max}} \cdot \ln \frac{D_o^2 - 4d_o h_{max}}{D_o^2}$$

ergibt sich

$$\bar{\dot{\varphi}}_t = 0{,}140 \quad \left[\frac{1}{s}\right]$$

d.h. bei allen Versuchen war die mittlère Umformgeschwindigkeit

$$\bar{\dot{\varphi}}_t \leq 0{,}140 \quad \left[\frac{1}{s}\right] .$$

5.1.4. Tiefziehen zylindrischer Werkstücke

5.1.4.1. Ermittlung des Niederhalterdruckes

Häufig wird bei Untersuchungen über das Tiefziehen der Niederhalterdruck nach einer empirischen Formel festgelegt, die auf E. Siebel [109] zurückgeht.

$$p_{NH} = c \cdot [(\beta - 1)^2 + 0{,}5 \frac{d_o}{100\ s_o}] \cdot \sigma_B$$

$$c = 2 \ldots 2{,}5 \cdot 10^{-3}$$

Diese Niederhalterpressung reicht jedoch nicht aus, um beim Tiefziehen kunststoffbeschichteter Bleche eine Faltenbildung 1. Ordnung zu verhindern. Bei den folienbeschichteten Versuchswerkstoffen, die eine Blechdicke von 0,88 mm haben, hat sich ein Beiwert von $c = 4 \div 5 \cdot 10^{-3}$ als ausreichend erwiesen, um eine Faltenbildung im Ziehflansch zu verhindern. Beim polyesterbeschichteten Versuchswerkstoff (Stahlblechdicke = 0,61 mm) war es bei großen Flanschbreiten, d.h. bei Ziehverhältnissen $\beta > 1{,}8 \ldots 1{,}9$ auch bei der maschinenseitig maximal möglichen Niederhalterkraft von 1000 kN nicht möglich, eine Faltenbildung 1. Ordnung ganz zu vermeiden, obwohl diese Niederhalterkraft einem Beiwert von $c \sim 25 \cdot 10^{-3}$ entspricht.

Diese Falten werden zwar bei der Biegung am Ziehradius zum größten Teil wieder aufgehoben, jedoch sind sie wegen der sehr glatten und glänzenden Oberfläche auch im Zargenbereich noch erkennbar.

Wie in Abb. 10 skizziert, wird beim Tiefziehen der Werkstoff aus dem Bereich des Flansches in den Bereich der Zarge unter der Wirkung radialer Zug- und tangentialer Druckspannungen eingezogen. Ein Ausknicken des Bleches, d.h. eine Faltenbildung 1. Ordnung durch die Wirkung der tangentialen Druckspannungen wird durch den Niederhalterdruck p_{NH} zwischen Matrize und Niederhalter verhindert. Ebene Werkzeugoberflächen und konstante Blechdicke vorausgesetzt, ist dieser Druck über der Fläche zu Beginn des Tiefziehvorgangs konstant. Während des Tiefziehens kommt es jedoch zu einer Veränderung der Blechdicke, d.h. im Flanschbereich nimmt sie von innen nach außen zu. Bei konstanter Niederhalterkraft verändert sich der Niederhalterdruck in gleicher Weise, er steigt also von innen nach außen an. Da diese Normalspannung jedoch im Vergleich zu dem Betrag der tangentialen Druckspannungen relativ klein ist, kann sie eine weitere Zunahme der Blechdicke nicht verhindern. Da die elastische Verformung von Platine, Matrize und Niederhalter nur sehr klein sind, fällt die Normalspannung im inneren Flanschbereich sehr schnell auf Null, und im weiteren Verlauf entsteht hier ein Spalt f zwischen Blech und Matrize bzw. Blech und Niederhalter. Nach E. Siebel ergibt sich dieser Spalt im Mittel zu

$$f_m = 0{,}006 \cdot s \cdot (\beta_o - 1)^2 .$$

Dieser Spalt ist proportional der Blechdicke und abhängig vom Quadrat des Ziehverhältnisses, jedoch unabhängig von der Niederhalterkraft. Diese muß lediglich genügend groß sein, um zu verhindern, daß der Spalt durch sich eventuell bildende Falten vergrößert wird. Aufgrund der nicht erfaßbaren Randbedingungen stößt eine genaue Lösung des Fragenbereiches Faltenbildung auf große Schwierigkeiten, jedoch kommt man den wirklichen Verhältnissen nahe, wenn man sich zunächst darauf beschränkt, das Knickverhalten der Abwicklung des Restflansches zu untersuchen. Dieser habe die Breite b und die Dicke s. Das Trägheitsmoment dieses Recheckquerschnitts ist proportional der dritten Potenz der Blechdicke s.

Betrachtet man den Spannungszustand in Abb. 10, so betragen die Tangentialspannungen in einem beliebigen Abstand x vom Mittelpunkt [109]

$$\sigma_{tx} = 1{,}1\, k_f \cdot \left(\ln \frac{D}{d_o} - \ln \frac{x}{0{,}5\, d_o} - 1 \right) ,$$

dabei ist $0{,}5\, d_o \leq x \leq 0{,}5\, D$.

In einem Bereich $\Delta x \triangleq \Delta b$ betrage die mittleren Tangentialspannung

$$\sigma_{t\Delta x} = \sigma_{t\Delta b} .$$

Dann beträgt die in diesem Element wirkende Tangentialkraft

$$\Delta F_t = \sigma_{t\Delta b} \cdot \Delta b \cdot s .$$

Die eine Faltenbildung erzeugende Tangentialkraft steigt also linear mit der Blechdicke an;das Trägheitsmoment, das diese Faltenbildung verhindert ist proportional s^3. Damit wird deutlich, daß dünne Bleche sehr stark zu einer Faltenbildung neigen.

Es zeigt sich dabei folgendes charakteristisches Bild. Wegen der elastischen Verformung von Werkzeug und Blech verhindert die Niederhalterkraft im äußeren Drittel des Ziehflansches das Entstehen von Falten 1. Ordnung, in der inneren Zone ist jedoch eine deutliche Faltenbildung vorhanden, die von außen nach innen zunimmt. In diesem "freien" Flanschbereich ist

$$k_f = \sigma_r - \sigma_t \qquad (\sigma_t < 0)$$

$$\sigma_t = \sigma_r - k_f \qquad (k_f > \sigma_r)$$

Obwohl wie bereits erwähnt eine Erhöhung der Niederhalterkraft keine nennenswerte Veränderung des Spaltes f ergibt, läßt sich dennoch in vielen Fällen eine Faltenbildung dadurch verhindern. Durch die Erhöhung der Niederhalterkraft erhöht sich die Reibkraft. Damit wird auch die Radialspannung σ_r größer. Die Fließspannung k_f ist ein Werkstoffkennwert und ist deshalb zu einem bestimmten Zeitpunkt des Umformvorgangs immer gleich. Aus der obigen Gleichung ist ersichtlich, daß $|\sigma_t|$ kleiner wird, d.h. die Tangentialkräfte verringern sich und ein "knicken" des Bleches im Spalt f wird vermieden. Wie in Abschnitt 4.2. beschrieben, wird durch die guten Gleiteigenschaften der Kunststoffbeschichtung die Reibkraft sehr klein und kann auch durch eine Erhöhung der Niederhalterkraft nur geringfügig erhöht werden. Die zur Erreichung der Fließspannung k_f notwendige Tangentialspannung σ_t ist daher relativ groß und führt insbesondere bei dünnen Blechen und großen Ziehverhältnissen zur Faltenbildung 1. Ordnung.

5.1.4.2. Einfluß der Werkzeuggeometrie auf das Ziehergebnis

In diesen Versuchsreihen wurde untersucht, welchen Einfluß der Ziehmatrizenradius und der Stempelradius auf das Aussehen der Werkstücke, die Faltenbildung, das Grenzziehverhältnis sowie die maximale Tiefziehkraft hat. Jeder Einzelversuch wurde mindestens dreimal durchgeführt und aus den Meßwerten ein Mittelwert gebildet. Bei großer Streubreite wurde die Anzahl der Versuche erhöht. Eine sichere Aussage bei der anschließenden Beurteilung dieser Ziehteile hinsichtlich Aussehen der Oberfläche und Korrosionsbeständigkeit ist nur dann möglich, wenn mehrere Versuche durchgeführt werden.

5.1.4.2.1. Folienbeschichtete Werkstoffe

Mit einem Stempelkantenradius und einem Matrizenradius von jeweils 10 mm wurde die in Abb. 20 dargestellte Versuchsreihe gefertigt. Bei einem Stempeldurchmesser von etwa 150 mm wurden die Werkstücke mit einem Ziehverhältnis von β_0= 1,6 bis zum Grenzziehverhältnis β_{max} = 2,53 tiefgezogen. Wie die Tabelle Abb.21 zeigt, wird durch eine Variation des Ziehradius und des Stempelkantenradius keine nennenswerte Veränderung des Grenzziehverhältnisses bewirkt. Auch die Folienbeschichtung zeigt keine Beschädigung oder Ablösung.

Allerdings wird die Struktur der genarbten PVC-Folie durch die plastische Umformung beim Tiefziehen verändert. Da der Umformgrad in der Zarge vom Boden zum Rand zunimmt, wird die Narbung dadurch feiner strukturiert, d.h. mit zunehmender Ziehteilhöhe wirkt sie immer feiner.

Die Grenzziehverhältnisse liegen erheblich höher als bei vergleichbaren unbeschichteten Werkstoffen. Da die Rückseitenlackierung mit handelüblichen organischen Lösungsmitteln nicht entfernt werden konnte, war ein direkter Vergleich leider nicht möglich. Die Entfernung der PVC-Beschichtung brachte jedoch schon einen Abfall des Grenzziehverhältnisses von β_{max} = 2,53 auf β_{max} = 2,25. Mit einem unbeschichteten Vergleichsblech der Qualität RR St 1403 konnte bei gleicher Blechdicke ein Grenzziehverhältnis von β_{max} = 2,15 erreicht werden. Man kann also davon ausgehen, daß durch die PVC-Beschichtung das Grenzziehverhältnis um 15 - 20 % erhöht wird. Auch die Ziehkräfte werden durch die Beschichtung verringert. Wie schon erwähnt, verringert sich beim Versuchswerkstoff 1 durch die Entfernung der PVC-Beschichtung das Grenzziehverhältnis um ca. 10 %, beim Ziehverhältnis β_0= 2,25 steigt gleichzeitig die max. Ziehkraft um ca. 7 %.

Die Verringerung des Ziehkantenradius von 15 mm auf 10 mm führte zwar zu einer geringfügigen Erhöhung der max. Ziehkräfte, da die Rückbiegekraft F_{rb} ansteigt, jedoch ist der Einfluß so gering, daß eine Verringerung des Grenzziehverhältnisses nicht erfolgt,wie aus Abb. 21 zu ersehen ist. Die hohen erreichbaren Grenzziehverhältnisse bringen jedoch einige fertigungstechnische Probleme. Das Tiefziehen von Blechen mit relativ großer planarer Anisotropie führt bei den großen Ziehverhältnissen zu einer starken Zipfelbildung. Um den Transport und das Beschneiden der tiefgezogenen Werkstücke zu erleichtern, werden die Werkstücke in der industriellen Fertigung häufig durchgezogen, d.h. ohne Restflansch gefertigt. Wenn dabei am Ende des Tiefziehvorgangs die "Zipfel" des Werkstückes ausgeformt werden, befinden sich die Bereiche der "Täler" bereits außerhalb des formbestimmenden zylindrischen Teiles der Matrizenöffnung.

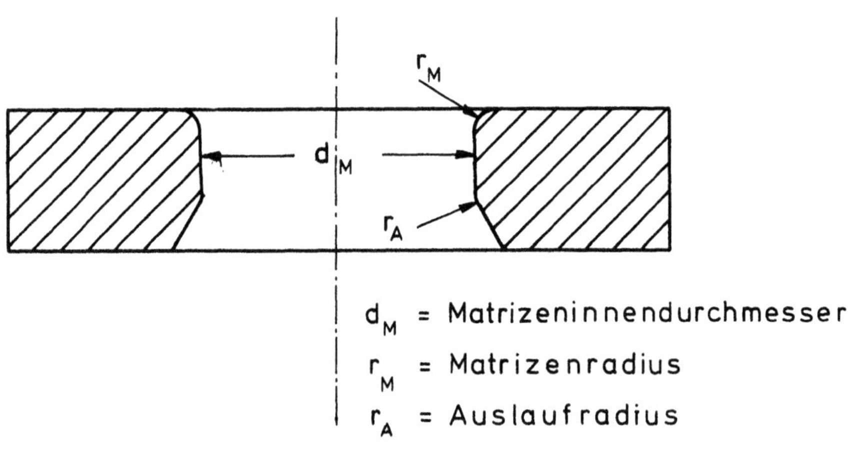

Das Ziehteil kann also bereits im Bereich der Täler auffedern, so daß sein Außendurchmesser größer als der Matrizeninnendurchmesser wird. Diese Auffederung muß beim Ausstoßen des Werkstückes rückgängig gemacht werden, wodurch sich die Auswerferkraft erhöht. Um dabei eine Einbeulung des Bodens zu vermeiden, muß bei der Werkzeugkonstruktion ein möglichst großflächiger Auswerfer vorgesehen werden.

Es ist bekannt, daß die Auffederung eines Ziehteiles einmal eine Funktion der relativen Ziehteilhöhe, d.h. der Ziehverhältnisse ist, aber auch von der Größe des bezogenen Ziehspalts u_z beeinflußt wird [18]. Beim Tiefziehen kunststoffbeschichteter Bleche muß insbesondere bei großer Ziehtiefe ein verhältnismäßig großer bezogener Ziehspalt gewählt werden, da die Gesamtdicke des Verbundwerkstoffes beim Einlauf in den Ziehspalt niemals die Größe des Ziehspaltes überschreiten darf. Andernfalls kommt es zu einem Abstrecken, wodurch die Beschichtung sofort beschädigt wird. Die Untersuchungen von E. Dannenmann [18] haben gezeigt, daß erst bei einem bezogenen Ziehspalt $u_z \geq 1{,}3$ ein Abstrecken beim Ziehverhältnis $\beta_o = 2{,}1$ vermieden wird. Bei den eigenen Versuchen wurden zwar Grenzziehverhältnisse von $\beta_{max} = 2{,}5$ erreicht, da jedoch die Anisotropiewerte der Versuchswerkstoffe verhältnismäßig groß waren, wurde mit einem bezogenen Ziehspalt $u_z = 1{,}4$ ein Abstrecken vermieden. Dabei braucht bei Beschichtungsdicken > 100 µm diese nur zu 75 % in die Berechnung des Ziehspaltes eingehen [92, 93, 97].

Außer durch ein Abstrecken infolge eines zu geringen Ziehspalts können insbesondere auch scharfe Kanten am Werkzeug die Beschichtung beschädigen. Deshalb muß bei der Konstruktion und Fertigung von Ziehmatrizen für die Bearbeitung kunststoffbeschichteter Bleche besondere Sorgfalt auch auf den Auslauf des zylindrischen Teiles der Matrizenöffnung gelegt werden. Wegen der beschriebenen Auffederung kommt es beim Ausstoßen des Werkstückes an dieser Stelle leicht zu Beschädigungen der Beschichtung, so daß auch hier ein Radius vorgesehen werden muß (Skizze).

5.1.4.2.2. Dünnbeschichtete Versuchswerkstoffe

Da die in Kap. 4.3. beschriebenen Versuche gezeigt haben, daß die Biegung im Ziehradius sich ungünstig auf den Verbund Blech-

Kunststoff auswirkt, wurde zunächst versucht, den dünneren Versuchswerkstoff 4 ebenfalls mit einem Matrizenradius r_M = 15 mm tiefzuziehen. Es zeigte sich jedoch eine sehr starke Faltenbildung im Bereich des Ziehradius (Faltenbildung 2. Ordnung)

Bei einem Ziehkantenradius von r_M = 10 mm wurde diese Faltenbildung zwar vermieden, so daß kleinere Werkstücke bis zu einem Ziehverhältnis von β_o = 1,8 einwandfrei gefertigt werden konnten. Bei größeren Ziehtiefen verschwanden die Falten 1. Ordnung (siehe Kap. 5.1.4.1.) jedoch wegen der relativ geringen Biegung im Ziehradius nicht. Dadurch verbleiben an dem fertigen Werkstück Falten auf der Zarge.

Durch die Verringerung des Radius auf r_M = 6,5 konnte die Grenze der faltenfreien Werkstücke auf ungefähr β_o = 2,1 verschoben werden. Bei größeren Ziehverhältnissen verbleiben zwar weniger und kleinere Falten im Zargenbereich als bei r_M = 10 mm, jedoch erst durch die Verwendung einer Matrize mit einem Radius von r_M = 4,5 mm konnte ein einwandfreies Ziehteil gefertigt werden. Allerdings muß einschränkend darauf hingewiesen werden, daß beim Grenzziehverhältnis β_{max} = 2,42 bereits wieder geringe Falten erscheinen.
Im Gegensatz zu den Werkstücken mit dem Durchmesser 50 mm kommt es beim Durchmesser 150 mm auch bei Ziehverhältnissen $\beta_o > 2,2$ nicht zu einer Ablösung der Beschichtung. Da der Ziehradius bei den großen Werkstücken größer ist als bei den kleinen Näpfen ist die zusätzliche Beanspruchung durch Biegung und Rückbiegung geringer, so daß der Verbund nicht zerstört wird.

Es ist allgemein bekannt, daß das Grenzziehverhältnis mit steigendem Verhältnis d_o/s_o abnimmt. Beim Übergang von d_o/s_o = 50/0,61 $\approx$ 82 auf d_o/s_o = 150/0,61 $\approx$ 245 fällt das Grenzziehverhältnis bei einem Stahlblech der Qualität St 14 von β_{max} = 2,15 auf β_{max} = 2,0, d.h. um etwa 7 %. Diese Abnahme des Grenzziehverhältnisses ist bei kunststoffbeschichteten Werkstoffen nicht vorhanden. Beim Versuchswerkstoff 4 ist das Grenzziehverhältnis unverändert geblieben, beim Werkstoff 1 steigt es sogar geringfügig an, was jedoch auf die etwas andere Werkzeuggeometrie zurückzuführen ist, und nicht verallgemeinert werden darf.

Der Abfall des Grenzziehverhältnisses bei unbeschichteten Blechen ist darauf zurückzuführen, daß der relative Anteil der Reibkraft an der Gesamtziehkraft bei steigendem Stempeldurchmesser größer wird. Die Reibkraft zwischen Matrize und Ziehflansch sowie Niederhalter und Ziehflansch beträgt [98]

$$F_{RN} = \frac{\pi}{2} \cdot \mu \cdot d_o^2 \cdot p_{NH} \cdot \frac{\left(\frac{D_o}{d_o}\right)^2 - 1}{\frac{D}{d_o}} ,$$

steigt also mit dem Stempeldurchmesser d_o progressiv an. Gleichzeitig muß der Niederhalterdruck p_{NH} mit steigendem Stempeldurchmesser erhöht werden (siehe Abschnitt 5.1.4.1.). Die ideele Umformkraft beträgt

$$F_{id} = \pi \cdot d_o \cdot s \cdot k_{fm} \cdot \ln \frac{D}{d_o}$$

und steigt damit ebenso nur linear an wie der gefährdete Querschnitt $A = \pi \cdot d_o \cdot s$, d.h. das Verhältnis Reibkraft/ ideele Umformkraft wird größer.

Beim Tiefziehen kunststoffbeschichteter Bleche ist den Anteil der Reibkraft an der Gesamtkraft relativ klein. Demzufolge wirkt sich ein Anstieg des Verhältnisses d_o/s_o nur in wesentlich geringerem Maße aus. Selbst beim Versuchswerkstoff 4, der die größte Schwankungsbreite von $d_o/s_o = 82$ bis $d_o/s_o = 245$ aufwies, konnte kein Einfluß festgestellt werden. Das Grenzziehverhältnis $\beta_{max} = 2,4$ wurde sowohl beim Tiefziehen von Näpfchen mit dem Durchmesser $d_o = 50$ mm als auch bei Tiefziehen der Werkstücke mit dem Durchmesser $d_o = 150$ mm erreicht.

5.1.5. Tiefziehen von Werkstücken mit quadratischen Querschnitten

Wie aus einer Analyse des Teilesortimentes für Tiefziehteile hervorgeht, sind etwas mehr als ein Drittel der Querschnittsformen nicht rotationssymmetrisch [135] . Während bei zylindrischen Werkstücken, sieht man einmal von der planaren Anisotropie ab, die Umformung symmetrisch ist, so erfolgt bei rechteckigen Werkstücken die größte Werkzeugbeanspruchung in den Stempeleckenrundungen. Der Umformgrad an den geraden Seiten ist dagegen verhältnismäßig gering. Bei kunststoffbeschichteten Blechen erfolgt ein Versagen deshalb immer im Bereich der Stempeleckenrundungen. Es sind bereits eine Reihe von Untersuchungen zum Tiefziehen rechteckiger Teile durchgeführt worden [40, 135-137, 139] . Während es jedoch für runde Ziehteile unter Angabe von Werkstoff und Werkzeuggeometrie möglich ist, ein einfaches, das ganze Ziehteil umfassende Versagenskriterium in Form des Grenzziehverhältnisses anzugeben, ist dies aufgrund der Vielzahl der Parameter für quadratische und rechteckige Teile nicht möglich. Nach dem von W. Panknin und W. Dutschke entwickelten Verfahren [140] ist es heute allgemein üblich, bei nicht rotationssymmetrischen Teilen das Ziehverhältnis mittels des fiktiven Stempeldurchmessers d_f und des fiktiven Rondendurchmessers D_f zu berechnen.

$$\beta_o = \frac{D_f}{d_f} = \sqrt{\frac{A_{Zu}}{A_{St}}}$$

(A_{zu} = Fläche des Blechzuschnittes)

(A_{St} = Querschnittsfläche des Stempels)

In der Praxis werden für quadratische Ziehteile oft runde oder quadratische Zuschnitte verwendet.
Zur Fertigung eines quadartischen Werkstückes mit einer Nutzhöhe von 85 mm, muß ein quadratischer Zuschnitt von 248 x 248 mm entsprechend einem Ziehverhältnis von β_o = 2,5 eingesetzt werden. Bei Verwendung einer Kreisplatine wurde bei einem Durchmesser von 245 mm die gleiche Nutzhöhe erzielt, dies entspricht einem Ziehverhältnis von β_o = 2,2. Da auch ein anderer Werkstofffluß eintritt, lassen sich derartige Werkstücke auch im Hinblick auf das Verhalten der Beschichtung nicht vergleichen. Auch eine Zuschnittermittlung von achteckigen Platinen nach AWF 5791 ist nur bedingt brauchbar; ebenso können Formzuschnitte nur unwesentlich Verbesserungen bringen, da die planare Anisotropie hier nicht erfaßt werden kann. Beim Tiefziehen von tiefen Ziehteilen mit quadratischem Querschnitt müssen im Werkzeug Ziehwülste oder Ziehstäbe vorgesehen werden, um eine Faltenbildung sowie ein Einfallen der Seitenwände zu vermeiden [138,141] . Die hier auftretenden Biegungen und Rückbiegungen führen jedoch zu einer zusätzlichen Beanspruchung des Verbundes, die bei bestimmten Werkstoffen zu Schäden führen kann.
Es wurden zunächst einige Untersuchungen mit quadratischen Werkstücken durchgeführt. Da diese Untersuchungen jedoch keine Aussagen über den Verbundwerkstoff ergaben, die nicht auch an zylindrischen Werkstücken ermittelt werden konnten, wurden diese Versuche nicht weitergeführt. Stattdessen wird in einer weiterführenden Forschungsarbeit untersucht, welche Vorteile das hydromechanische Tiefziehen für die Fertigung nicht rotationssymmetrischer Werkstücke bringt, wobei insbesondere kunststoff-

beschichtete Bleche untersucht werden sollen.

Beim Tiefziehen von coil-coating-Blechen tauchen also im Vergleich zu unbeschichteten Blechen einige Unterschiede auf. Die erforderlichen Niederhalterdrücke sind wesentlich größer und wegen der geringen Reibkräfte ist an dünnen Blechen bei großen Werkstücken und einem hohen Ziehverhältnis die Neigung zur Bildung von Falten 1. Ordnung sehr groß. Der Ziehspalt muß so groß sein, daß der Werkstoff auch am Ende des Ziehvorganges nicht dicker als der Ziehspalt ist, da ein Abstrecken die Beschichtung sofort zerstört. Die Auswahl des Ziehmatrizenradius muß mit besonderer Sorgfalt geschehen. Einerseits muß er möglichst groß sein, um die zusätzliche Belastung des Verbundes durch die Biegung gering zu halten, zum anderen darf keine Faltenbildung 2. Ordnung auftreten. Am Auslauf der Ziehmatrize muß ebenfalls ein Radius vorgesehen werden, da sonst beim Ausstoßen des Werkstückes dort die Oberfläche beschädigt wird.

5.2. Tiefziehen mit höheren Umformgeschwindigkeiten

Bei großen Stückzahlen ist es aus wirtschaftlichen Gründen oft notwendig, die Fertigung auf mechanischen Pressen durchzuführen, da diese eine wesentlich höhere Mengenleistung haben. Die größere Stößelgeschwindigkeit dieser Maschinen führt zu höheren Umformgeschwindigkeiten. Daher wurde in weiteren Versuchsreihen untersucht, welchen Einfluß höhere Umformgeschwindigkeiten auf die Eigenschaften des Verbundwerkstoffes haben.

5.2.1. Beschreibung der mechanischen Presse und des Meßaufbaus

Die Versuche wurden auf der in Abb. 22 dargestellten C-Gestell-Exzenterpresse durchgeführt. Diese Presse hat eine Nennpreßkraft von 630 kN und kann durch ein stufenlos regelbares PIV-Getriebe mit Hubzahlen zwischen 30 und 80 Hüben/Min. arbeiten. Im Pressentisch ist ein pneumatisches Ziehkissen angeordnet, mit dem eine maximale Niederhalterkraft von 100 kN aufgebracht werden kann. Die Kenngrößen Niederhalterkraft, Ziehstößelkraft und Ziehstößelweg wurden gemessen. Die Messung der Niederhalterkraft erfolgte mit Hilfe eines Feinmeßmanometers. Dem angezeigten Druck konnte aufgrund der geometrischen Abmessungen des Ziehkossenkolbens eine entsprechende Kraft zugeordnet werden. Zur Aufnahme der Ziehkraft wurden wieder Kraftmeßkörper verwendet, auf denen Dehnungsmeßstreifen appliziert waren. Die Aufzeichnung erfolgte durch einen Lichtstrahloszillographen , der auch den Ziehweg aufzeichnete. Die Aufnahme des Ziehweges erfolgte durch einen induktiven Wegaufnehmer.

5.2.2. Aufbau des Versuchswerkzeuges

Bei dem Tiefziehwerkzeug für die zweifachwirkende C-Gestell-Exzenterpresse erfolgt die Anordnung der Ziehmatrize und der Werkstückauswerfer im Oberwerkzeug, das am Pressenstößel befestigt wird (Bild 23) . Der Ziehstempel befindet sich ortsfest auf dem Pressentisch. Der Niederhalterring wird von der Ziehmatrize abwärts gedrückt, wobei die Niederhalterkraft und die anschließende Abstreifbewegung vom Ziehkissen im Pressentisch bewirkt werden. Im Hinblick auf den maximalen Stößelhub von 150 mm wurde ein Stempeldurchmesser von 55 mm gewählt. Der Radius am Stempel betrug r_{St} = 7 mm, der Ziehradius an der Matrize r_M = 3 mm.

5.2.3. Berechnung von Stößel- und Umformgeschwindigkeit

Während beim Tiefziehen auf hydraulischen Pressen die Geschwindigkeit nahezu konstant ist, finden wir bei Exzenterpressen aufgrund der Antriebskinematik einen cosinusförmigen Weg-Zeit-Verlauf und damit einen sinusförmigen Geschwindigkeits-Zeit-Verlauf (Abb. 24).

H = Pressenhub

n_E = Drehzahl der Exzenterwelle

h = Weg des Ziehstößels

$$h = \frac{H}{2} \cdot \cos \omega t$$

Winkelgeschwindigkeit

$$\omega = \frac{\pi \cdot n_E}{30} \quad \left[\frac{1}{s}\right]$$

Die Geschwindigkeit des Stößels ist

$$v_{St} = \frac{dh}{dt} = -\frac{H}{2} \cdot \omega \cdot \sin \omega t \; .$$

$R_{St} = 0{,}5\ d_o$

$R_o = 0{,}5\ D_o$

$R = 0{,}5\ D$

h = Stösselweg

$h_u = h_E - h_A$

h_A = Stempelweg bei Beginn des Umformvorganges

h_E = Stempelweg bei Ende des Umformvorganges

Unter der Annahme, daß die Oberfläche der Werkstücke gleich der Oberfläche der Platine ist, gilt:

$$R^2\pi + 2R_{St} \cdot \pi \cdot h_u = R_o^2 \cdot \pi$$

$$R = \left(R_o^2 - 2R_{St}h_u\right)^{\frac{1}{2}}$$

Die Bewegungsgleichung des Umformweges ist

$$h_u = \left|\frac{H}{2}(\cos \omega t - \cos \omega t_A)\right|$$

Damit ist die Bewegungsgleichung des Platinenrandes

$$R = \left(R_o^2 - \left|R_{St} \cdot H \cdot (\cos \omega t - \cos \omega t_A)\right|\right)^{\frac{1}{2}}$$

und seine Geschwindigkeit

$$v_R = \frac{dR}{dt} = 0{,}5\left(R_o^2 - |R_{St}H(\cos \omega t - \cos \omega t_A)|\right)^{-\frac{1}{2}} \cdot (R_{St}H\omega|\sin \omega t|)$$

$$= \frac{R_{St}H\,\omega\,|\sin \omega t|}{2\left(R_o^2 - |R_{St}H(\cos \omega t - \cos \omega t_A)|\right)^{\frac{1}{2}}}$$

Der Umformvorgang beginnt bei t_A und endet bei t_E

$$t_A = \frac{1}{\omega} \arccos \frac{2h_A}{H} \qquad t_E = \frac{1}{\omega} \arccos \frac{2h_E}{H}$$

Der integrale Mittelwert der Stempelgeschwindigkeit zwischen t_A und t_E ist:

$$(t_E - t_A)\,\overline{v}_{St} = \int_{t_A}^{t_E} v_{St}\,dt = \int_{t_A}^{t_E} \left(-\frac{H}{2} \cdot \omega \cdot \sin \omega t\right) \cdot dt$$

$$(t_E - t_A)\cdot\overline{v}_{St} = \frac{H}{2}\cdot(\cos\omega t_E - \cos\omega t_A)$$

$$\overline{v}_{St} = \frac{H}{2(t_E - t_A)}\cdot(\cos\omega t_E - \cos\omega t_A)$$

Damit ist es möglich, jedem Tiefziehvorgang eine mittlere Stößelgeschwindigkeit zuzuordnen. Allerdings lassen sich nur Werkstücke mit demselben Ziehverhältnis vergleichen. Bei unterschiedlichen Ziehverhältnissen genügt ein Vergleich mit Hilfe der mittleren Stempelgeschwindigkeit jedoch nicht, um die Ziehbedingungen eindeutig zu charakterisieren.

Durch die Angabe der mittleren Umformgeschwindigkeit können auch Werkstücke mit unterschiedlichem Ziehverhältnis verglichen werden. Der tangentiale Umformgrad des äußeren Platinenrandes ist

$$\varphi_t = \ln\frac{R}{R_o} = \ln\left[\frac{1}{R_o}\left(R_o^2 - |R_{St}H(\cos\omega t - \cos\omega t_A)|\right)^{\frac{1}{2}}\right]$$

und die Umformgeschwindigkeit

$$\dot{\varphi}_t = \frac{d\varphi_t}{dt} = \frac{R_{St}\cdot H\cdot\omega\cdot\sin\omega t}{2(R_o^2 - |R_{St}\cdot H\cdot(\cos\omega t - \cos\omega t_A)|}$$

Berechnung des integralen Mittelwertes

$$(t_E - t_A)\cdot\overline{\dot{\varphi}}_t = \frac{1}{2}\int_{t_A}^{t_E}\frac{R_{St}\cdot H\cdot\omega\cdot\sin\omega t}{R_o^2 - |R_{St}\cdot H\cdot\cos\omega t_A - R_{St}\cdot H\cdot\cos\omega t|}\,dt$$

$$= \frac{R_{St}\cdot H\cdot\omega}{2}\cdot\left[-\frac{1}{-R_{St}\cdot H\cdot\omega}\cdot\ln(R_o^2 - |R_{St}\cdot H\cdot(\cos\omega t - \cos\omega t_A)|)\right]_{t_A}^{t_E}$$

$$= \left[\frac{1}{2}\ln(R_o^2 - R_{St}\cdot H\cdot|(\cos\omega t - \cos\omega t_A)|)\right]_{t_A}^{t_E}$$

$$\overline{\dot{\varphi}}_t = \frac{1}{2(t_E - t_A)}\cdot\ln\frac{R_o^2 - R_{St}H\,|(\cos\omega t_E - \cos\omega t_A)|}{R_o^2}$$

5.2.4. Einfluß der Umformgeschwindigkeit auf das Ziehergebnis

Mit PVC-folienbeschichteten Versuchswerkstoffen wurde für einen Rondendurchmesser von D_o = 100 mm, das entspricht einem Ziehverhältnis von β_o= 1,82, die Umformgeschwindigkeit durch stufenweise Erhöhung der Hubzahl von 47 auf 80 Hübe/Min. gesteigert. Bei dem Umformgrad φ_t = 0,60 steigt dabei die mittlere Geschwindigkeit des Ziehstößels von 260 mm/s auf 445 mm/s. Die Dauer des Umformvorgangs verringert sich von 157 ms auf 92 ms, das entspricht einer Steigerung der mittleren Umformgeschwindigkeit $\bar{\dot{\varphi}}_t = 5{,}4 \left[\frac{1}{s}\right]$ auf $\bar{\dot{\varphi}}_t = 9{,}2 \left[\frac{1}{s}\right]$.

Auf einer hydraulischen Presse mit einer konstanten Stößelgeschwindigkeit von v_{St} = 30 mm/s würde beim gleichen Werkstück die mittlere Umformgeschwindigkeit $\bar{\dot{\varphi}}_t = 0{,}68 \left[\frac{1}{s}\right]$ betragen und der Umformvorgang etwa 1200 ms dauern.

Bei den PVC-beschichteten Werkstoffen zeigte sich an den Versuchswerkstoffen 1 und 2 über dem gesamten untersuchten Bereich keine mit dem Auge erkennbare Veränderung an den Werkstücken. Lediglich der Versuchswerkstoff 3 zeigte bei den Versuchsreihen 4 und 5 (vergl. Abb. 25) ein geringes Ablösen der Beschichtung am oberen Zargenrand. In jeder Versuchsreihe wurden mit jedem Werkstoff drei Einzelversuche durchgeführt. Da jeder Einzelversuch die gleichen wenn auch nur sehr geringen Ablösungen aufwies, konnte daraus geschlossen werden, daß beim Werkstoff 3 die Haftung schlechter ist, als bei den beiden übrigen folienbeschichteten Werkstoffen. Diese hier erstmals aufgetauchte Erscheinung hat sich auch in späteren Versuchen bestätigt.

Aufgrund ihrer kettenförmigen Molekularstruktur führen Temperaturerhöhungen bei den thermoplastischen Polyvinylchloridwerkstoffen sehr schnell zu einem "Erweichen" und damit zu einer Abnahme der Festigkeit. Bei den "vernetzten" duroplastischen Polyesterwerkstoffen ist die Festigkeitsabnahme durch höhere Temperaturen erheblich geringer.
Bei der Prüfung des Versuchswerkstoffes 4 wurde deshalb von vornherein ein Rondendurchmesser von D_o = 110 mm eingesetzt. Dies entspricht einem Ziehverhältnis von β_o=2,0. Die übrigen Versuchsbedingungen sind in Abb. 25 aufgeführt.

Beim polyesterbeschichteten Werkstoff wurde jede Versuchsreihe mit und ohne Schutzfolie durchgeführt. Beim Tiefziehen mit Schutzfolie blieben Reste des Haftvermittlers infolge der Erwärmung am Werkstück kleben und ließen sich schlecht entfernen. Die Beschichtung selbst zeigt jedoch keine Veränderung. Es zeigte sich also, daß bei dem Ziehverhältnis $\beta_o = 2,0$ eine Verdoppelung der Umformgeschwindigkeit, die dabei das 10 bis 20-fache im Vergleich zu einer hydraulischen Presse beträgt, keinen negativen Einfluß auf das Werkstück bewirkt.

Da sich jedoch mit kunststoffbeschichteten Werkstoffen wesentlich höhere Ziehverhältnisse erreichen lassen, wurde der Versuchswerkstoff 3 über den gesamten Geschwindigkeitsbereich mit dem Ziehverhältnis $\beta_o = 2,2$ untersucht. Dabei löste sich schon bei der kleinsten Hubzahl die Folie sehr stark vom Blechwerkstoff. Es wurde deshalb in weiteren Versuchsreihen der Parameter Ziehverhältnis bei höheren Umformgeschwindigkeiten untersucht.

Beginnend mit einem Rondendurchmesser von $D_o = 85$ mm ($\beta_o = 1,55$) wurden die Durchmesser in Stufen von 5 mm erhöht. Aus versuchstechnischen Gründen ließ sich bei dieser Erhöhung die mittlere Umformgeschwindigkeit nicht ganz konstant halten. Wie aus der Tabelle Abb. 26 zu ersehen ist, schwankte sie zwischen $\bar{\dot{\varphi}}_t = 7,1 \frac{1}{s}$ und $\bar{\dot{\varphi}}_t = 8,7 \frac{1}{s}$. An den folienbeschichteten Versuchswerkstoffen 2 und 3 trat ein Versagen bei der Erhöhung des Ziehverhältnisses von $\beta_o = 1,91$ auf $\beta_o = 2,0$ ein. Abb. 28 zeigt zwei Ziehteile aus dem Versuchswerkstoff 2 mit diesen beiden Ziehverhältnissen. Obwohl die mittlere Umformgeschwindigkeit sogar etwa absank (vergl. Abb. 26), trat ein starkes Ablösen ein. Wie an der Werkstückoberfläche in Abb. 27 zu erkennen ist, liegt die Trennzone zum Teil in der Folie selbst und zum Teil zwischen Blechoberfläche und Kleber. Dabei wird aufgrund der Struktur deutlich, daß die unterschiedlichen Trennzonen der genarbten Folienoberfläche ensprechen. Beim Aufwalzen der Folie herrscht im Bereich der Erhebung der Folie ein größerer Anpressdruck Kleber-Blechoberfläche, als im Bereich der Täler. Da die Adhäsionskraft u.a. auch vom Anpressdruck während der Reaktionszeit abhängig ist, wird in den Bereichen hohen Anpressdruckes die Adhäsionskraft Kleber-PVC-Blechoberfläche größer als die Kohäsionskraft des Polyvinylchlorids, d.h. es treten Kohäsionsbrüche auf, während es in den anderen Bereichen zu einem Adhäsionsbruch Kleber-Blechoberfläche kommt.

Dabei werden sowohl die Kohäsions- als auch die Adhäsionskräfte durch die bei schneller Umformung auftretenden Temperaturen so stark verringert, daß die auftretenden Scherspannungen zu einer Ablösung führen.

Beim Versuchswerkstoff 1 treten auch bei noch größeren Ziehverhältnissen keine derartigen Folienablösungen auf. Die Fertigungsbedingungen waren bei diesem Verbundwerkstoff offensichtlich günstiger, so daß die Adhäsionskraft Blech-Kleber überall größer ist als die Kohäsionskraft in der Folie. Es kommt bei höheren Temperaturen infolge der starken Wärmedehnungen des Kunststoffes lediglich zu einer "Kräuselung" der Beschichtung am oberen Werkstückrand.

Die Untersuchungen haben also gezeigt, daß an dem polyesterbeschichteten Werkstoff 4 durch die Erwärmung des Werkstückes bei hohen Umformgeschwindigkeiten kein Schaden entsteht. An den PVC-folienbeschichteten Blechen wird das Ziehergebnis durch eine Erhöhung der Umformgeschwindigkeit bis zu einem bestimmten Ziehverhältnis nicht negativ beeinflußt. Allerdings tritt bei großen Ziehverhältnissen eine starke Ablösung der Beschichtung ein. Lediglich in einem sehr engen Übergangsbereich läßt sich durch Veränderung der Ziehgeschwindigkeit das Ziehergebnis beeinflussen.

Beim Tiefziehen wird nahezu die gesamte Umformarbeit in Wärme umgesetzt. Infolge der sehr kurzen Umformzeit sowie der zusätzlichen Isolierung durch den schlechten Wärmeleiter Kunststoff kann während der Umformung nur eine geringe Wärmemenge an das Werkzeug abgegeben werden, d.h. die Temperatur des Bleches erhöht sich sehr stark.

Zur groben Abschätzung der Temperaturerhöhung soll davon ausgegangen werden, daß es sich um einen adiabaten Prozeß handelt.

Wie schon erwähnt war ein Ziehteil aus dem Versuchswerkstoff 2 bei einem Ziehverhältnis von $\beta_o = 1,91$ noch nicht beschädigt. Nach [143] beträgt die zum Tiefziehen dieses Teiles notwendige Umformarbeit

$$W = \chi \cdot F_{Z\,max} \cdot h_u$$

Die Kraftmessung ergab eine maximale Tiefziehkraft von $F_{zmax} = 57,3$ kN und die Wegmessung einen Umformweg von $h_u = 42$ mm. Da es sich um einen weichen Werkstoff und ein relativ großes Ziehverhältnis handelt kann ein Korrekturfaktor von $\chi = 0,7$ angenommen werden. Damit ergibt sich rechnerisch eine Umformarbeit von $W_R = 1680$ Nm.

Die tatsächliche Umformarbeit erhält man durch planimetrieren der Kraft-Weg-Aufzeichnung des Tiefziehvorganges. Da diese relativ schnellen Vorgänge nicht direkt mit einem XY-Schreiber aufgezeichnet werden können, war ein Geschwindigkeittransformation mittels einer Magnetbandaufzeichnung erforderlich. Es wurde eine Umformarbeit von $W_M = 1560$ Nm ermittelt. Da der empirisch ermittelte rechnerische Ansatz für unbeschichtete Bleche aufgestellt wurde, ist infolge der geringen Reibarbeit der Wert , der an beschichteten Blechen gemessen wurde, kleiner. Wie Abb. 28 zeigt führt eine Erhöhung des Ziehverhältnisses von $\beta_o = 1,91$ auf $\beta_o = 2,0$ zu einer Zerstörung der Beschichtung. Im zweiten Fall wurde eine Umformarbeit von $W_M = 2060$ Nm gemessen, d.h. durch eine Erhöhung des Ziehverhältnisses um 4,7% wird die Umformarbeit um 32 % erhöht.
Geht man davon aus, daß die gesamte Umformarbeit in Wärmeenergie umgewandelt wird und nimmt man weiterhin in der Zarge eine vom Boden zum Rand hin linear ansteigende Temperaturverteilung an, so ergeben sich folgende theoretische Temperaturanstiege.Bei einem Ziehverhältnis von $\beta_o = 1,91$ beträgt die Temperaturdifferenz $\Delta t \sim 150^oC$ und bei $\beta_o = 2,0$ ist $\Delta t \sim 175^oC$.

Natürlich sind die tatsächlich auftretenden Temperaturerhöhungen wesentlich geringer. Unter gleichen Ziehbedingungen wurden an einem unbeschichtetem Blech bei einem Ziehverhältnis

$\beta_o = 2{,}0$ mit einem einfachen Thermoelementfühler Temperaturerhöhungen von $\Delta t \sim 65^{o}C$ gemessen. Man muß dabei berücksichtigen, daß die Messung erst 3 bis 4 Sekunden nach Ende der Umformung stattfand,und daß das Werkstück in der Zwischenzeit relativ lange den kalten Ziehstempel berührt hat. Obwohl also bereits eine erhebliche Wärmemenge nach Ende des Umformvorganges abgeführt wurde, ist die gemessene Erhöhung immer noch erheblich.

Beim Tiefziehen des polyesterbeschichteten Versuchswerkstoffes liegt die Schadensgrenze bei einem Ziehverhältnis von $\beta_o = 2{,}2$. Dies entspricht der Schadensgrenze beim Tiefziehen mit sehr kleiner Ziehgeschwindigkeit (s. Kap. 4.3). Da die Werkzeuggeometrie nahezu die gleiche ist, ist also das Ablösen der Beschichtung auf den Umformgrad zurückzuführen. Höhere Umformgeschwindigkeiten führen also beim Versuchswerkstoff Nr. 4 nicht zu einer Verschlechterung des Ziehergebnisses.

6. Eigenschaftsänderungen des Verbundwerkstoffes durch einen Umformvorgang

Im Rahmen der bisherigen Ausführungen wurde das Ziehergebnis zunächst nur danach beurteilt, ob die Beschichtung relativ starke Schäden wie Rißbildungen und Ablösungen aufweist, d.h. visuell deutlich verändert ist. Es ist natürlich notwendig, eine derartige subjektive Beurteilung durch objektive Meßgrößen zu ergänzen. Veränderungen der Oberflächenrauhigkeit und des Reflexionsvermögens können meßtechnisch erfaßt werden und zeigen an, wie die Oberfläche der Beschichtung durch eine Umformung beeinflußt werden. Neben der Verbesserung des Aussehens des Stahlbleches durch eine Beschichtung ist der Korrosionsschutz von entscheidender Bedeutung. Die Fähigkeit der Kunststoffschicht das Trägermaterial vor einem korrosiven Angriff zu schützen, wird durch einen Umformvorgang verändert. Da umgeformte kunststoffbeschichtete Werkstücke zum Teil auch durch Kleben weiterverarbeitet werden, ist darüberhinaus die veränderte Haftung der Beschichtung von Interesse.

6.1. Veränderung der Haftung der Beschichtung auf dem Grundwerkstoff infolge einer Umformung

6.1.1. Allgemeines zum Problem der Haftung

Bei der Kaschierung von PVC-Folien auf Stahlbleche werden Heißsiegelbindemittel verwendet, die zur Erhöhung der Wärme- und Klimabeständigkeit zusätzlich vernetzende Komponenten erhalten. Diese Klebestoffe werden in Lösungsmitteln auf die Metalloberfläche aufgebracht. In einem Durchlaufofen werden sie durch die Wärme aktiviert, d.h. das Lösungsmittel verflüchtigt sich, die thermoplastische Komponente erweicht und die vernetzende beginnt zu reagieren. Beim Austritt aus dem Ofen wird die PVC-Folie auf das heiße Blech aufgewalzt und anschließend mit Wasser auf Raumtemperatur abgekühlt.

Flüssige Beschichtungswerkstoffe werden mittels Walzen aufgetragen, die entweder im Gleichlauf oder im Gegenlauf ("reverse roll coating") arbeiten. Es sind eine Reihe von Systemen entwickelt worden, die als Hauptelemente jeweils eine Beschichtwalze, eine Regulierwalze und eine Stützwalze enthalten. Auf Einzelheiten soll hier nicht eingegangen werden, es sei hier auf die Literatur verwiesen [10, 13, 15, 24, 33, 34, 57, 67, 83, 100, 118].

Beim Aufbringen des hochpolymeren Kunststoffes auf den Trägerwerkstoff Metall handelt es sich um die Adhäsion zwischen artfremden Substanzen. Eine allgemeingültige Theorie für die Adhäsion kann bis heute nicht angegeben werden. Aufgrund zahlreicher Untersuchungen sind einige Einflußgrößen bekannt geworden, jedoch konnte der Wirkungsmechanismus der Adhäsion noch nicht geklärt werden und die vorhandenen Theorien widersprechen sich häufig. [8, 9, 11, 12 , 25 , 35, 108, 111, 121]

Die für die komplexen Adhäsionsvorgänge verantwortlichen Kräfte lassen sich in die mechanische und die spezifische Adhäsion einteilen.

Die mechanische Adhäsion beruht auf dem Eindringen des organischen Materials in die Rillen und Poren des Trägerwerkstoffes. Der Beschichtungsstoff polymerisiert in den Vertiefungen und erzeugt eine mechanische Verankerung.

Die spezifische und thermodynamische Adhäsion beruht auf zwischenmolekularen Kräften. Im Inneren eines Werkstoffes sind Valenzkräfte gebunden, die an der Oberfläche jedoch frei sind.

Kommen die Oberflächen zweier Stoffe infolge Adsorption in Berührung so werden diese Kräfte wirksam, die sich wiederum in Haupt- und Nebenkräfte unterteilen lassen.
Die Nebenvalenzkräfte (van der Waals-Kräfte) haben folgenden Charakter:

a. Dipolkräfte

Diese sind elektrostatischer Natur und beruhen auf einer Orientierung der beteiligten Moleküle. Durch unsymmetrische Ladungsverteilung wird ein Molekül zu einem Dipol, wobei das Dipolmonent um so größer wird, je weiter die Schwerpunkte der negativen und positiven elektrischen Ladungen innerhalb des Moleküls auseinanderliegen.

b. Induktionskräfte

Nähert sich einem leicht polarisierbaren Molekül das Ende eines starken Dipols, so wird ein Dipol induziert. Der neu gebildete und der ursprüngliche Dipol ziehen sich an.

c. Dispersionskräfte

Die zwischen elektrisch neutralen und nicht neutralen Atomen wirkenden unpolaren Kräfte heißen Dispersionskräfte. Dieser Effekt beruht auf der quantenmechanischen Wechselwirkung der Valenzelektronen. Er nimmt mit der sechsten Potenz der Entfernung ab und ist deshalb nur bei engstem Kontakt zweier Oberflächen wirksam.

Die Hauptkräfte, die das Haftvermögen bei Verbundwerkstoffen bestimmen, beruhen auf Hauptvalenzbedingungen (chemische Bindungen). Diese Kräfte liegen ein bis zwei Zehnerpotenzen höher als die Nebenvalenzkräfte. Aufgrund der Arbeiten von W. Brockmann [8, 12] kann als erwiesen gelten, daß die Haftfestigkeiten der Polymeren zu einem erheblichen Anteil durch die Chemosorption bewirkt wird. Damit ist die Adhäsion von Kunststoff auf Metallen nicht allein auf zwischenmolekulare Kräfte zurückzuführen.
Ohne auf Einzelheiten einzugehen, sollen hier die vier wesentlichen Adhäsionstheorien kurz erläutert werden. [35]

a. Adsorptionstheorie

Dies ist eine thermodynamische Betrachtungsweise der Haftvorgänge über die spezifischen freien Oberflächenenergien.
Wenn ein Flüssigkeitstropfen mit der Oberfläche eines festen Körpers in Kontakt kommt, so breitet es sich entweder aus oder nimmt bei unvollkommener Benetzung Kalottenform an. Es stellt sich zwischen der Grenzflächenspannung sowie den Oberflächenspannungen des Festkörpers und der Flüssigkeit ein Kräftegleichgewicht ein. Aufgrund experimenteller Ergebnisse wurde die Hypothese entwickelt, daß die Benetzungseigenschaften des Systems flüssig-fest auch dann gelten, wenn die Flüssigkeit in den festen Zustand übergeht. Die Adhäsion wird also von der Oberflächenenergie, d.h. von der Benetzung bestimmt.

b. Polarisationstheorie

Es werden Adhäsionserscheinungen mit der Polarität der Moleküle erklärt. Der funktionelle Zusammenhang zwischen Polarität und Änderung der Haftfestigkeit wird mit der Einführung von Seitenketten in Makromoleküle und Veränderung des Polymerisationsgrades erreicht.

c. Elektrostatische Theorie

Messungen haben ergeben, daß die Haftung von polymeren Filmen auf Metall von der Abreißgeschwindigkeit des Films abhängt. Das dürfte bei der Überwindung von molekularen Kräften nicht der Fall sein und läßt sich mit den bisherigen Theorien nicht erklären. Außerdem war bei der Steigerung der Abreißgeschwindigkeit im Hochvakuum eine Elektronenemission zu beobachten. Es bildet sich eine elektrostatische Doppelschicht aus, die um so stärker wird, je unähnlicher Beschichtungsstoffe und Trägermaterial ist. Die elektrostatische Theorie versagt bei der Erklärung der guten Haftfestigkeit artgleicher Polymerer, ist aber möglicherweise eine Ergänzung zur Adsorptionstheoerie.

d. Diffusionstheorie

Die Mikro-Brownsche Molekularbewegung zwischen zwei Materialien dient als Erklärung des Adhäsionseffektes mit der Diffusionstheorie. Hierbei wird die Adhäsion gedeutet als eine Wanderung von Molekülen oder Molekülgruppen vom Bindemittel zum

Adhärenden oder umgekehrt.
Die Theorien über die Entstehung der Adhäsionskräfte erlauben es jedoch nicht vorauszusagen, wie sich die Kräfte unter Temperatur- und Klimaeinfluß verändern. Diese Veränderungen sind aber für den Einsatz in der Praxis von großer Bedeutung. Adhäsionsmessungen wie z.B. Meßung der Rauheit, der Benetzung, der Elektronenmission und der Adsorption an den Grenzflächen erfordern einen großen versuchstechnischen Aufwand und sind für praxisnahe Untersuchungen wenig geeignet. In der Praxis durchgeführt werden Biegeprüfungen, Tiefungsprüfungen, Winkel-Scherversuch, Abscherversuch, Folienschälversuch, Gitterschnittprüfung und Abreißmethode.

6.1.2. Untersuchungen mit dem Kreuz- und Gitterschnitt

Eine der einfachsten Prüfungen ist der Gitterschnittversuch nach DIN 53 151. Es werden mit einer speziellen Vorrichtung je 6 Schnitte unter dem Winkel von 90° auf dem Werkstoff aufgebracht, die die Beschichtung bis auf das Trägerblech durchschneiden. Die Abstände der Schnitte beträgt je nach Beschichtungsdicke 1, 2 oder 3 mm. Nach einem Entfernen der sich lösenden Beschichtungsteile mittels einer Bürste wird den Werkstoffen der Gitterschnitt-Kennwert Gt 0 bis Gt 4 zugeordnet.

Bei dem Kennwert Gt 0 ist kein Teilstück abgeplatzt, bei Gt 4 ist 65 % oder mehr der Fläche der 25 Teilquadrate abgeplatzt. Beim Gitterschnitt wirken nur die Scherkräfte ablösend, die infolge der Keilwirkung der Schneide auf die Beschichtung übertragen werden. Diese Kräfte sind nicht meßbar, sie hängen ab von der Anstrichdicke und vor allem auch vom Material. Ein weicher oder elastischer Anstrich wird von der Klinge ohne großen Kraftaufwand verformt, dagegen können in einer harten oder spröden Beschichtung erhebliche Scherkräfte entstehen. In dickeren Anstrichen sind die Scherkräfte größer als in dünnen. Die Größe der beim Gitterschnitt abgesprungenen Fläche gibt infolgedessen ohne genaue Berücksichtigung der Nebenbedingungen keinen Aufschluß über die zur Abtrennung erforderlich gewesenen Kräfte und damit über die Haftfestigkeit. Dennoch erlaubt die Gitterschnittprüfung bei dem gleichen Beschichtungssystem eine

Aussage über die Änderung der Haftfestigkeit, da sich z.B. durch eine Umformung die Nebenbedingungen nicht wesentlich verändern.

Im nicht umgeformten Zustand entsprachen alle 4 Versuchswerkstoffe dem Gitterschnitt-Kennwert Gt 0 A. (A bedeutet Versuche wurden mit dem Einschneidengerät durchgeführt). Da mit dem einfachen Gitterschnitt bei hochwertigen kunststoffbeschichteten Blechen keine Differenzierung möglich ist, wurde untersucht, wie sich umgeformte Bleche verhalten, die mit einem Gitter-bzw. Kreuzschnitt versehen wurden. Hierzu ist die "Tiefung (nach Erichsen) an Anstrichen und ähnlichen Beschichtungen mit optischer Beurteilung" nach DIN 53 156 gut geeignet. Zunächst wurden 70 mm x 70 mm große Quadrate der Versuchewerkstoffe 1 bis 3 mit einem Kreuzschnitt versehen und 8 mm getieft. Der sich ablösende Teil der Beschichtung wurde entfernt. Abb. 29 zeigt, daß der Versuchswerkstoff 1 nur an der Kuppe eine sehr geringe Ablösung aufweist, beim Versuchswerkstoff 2 löste sich eine Fläche von etwa 5 mm Durchmesser und beim Versuchswerkstoff 3 eine Kreisfläche von ca. 16 mm Durchmesser.

Beim Versuch mit Gitterschnitt zeigte der Werkstoff 1 kein Abplatzen, beim Werkstoff 2 löste sich etwa 60 % der in 25 Quadrate zerteilten Fläche, beim Werkstoff 3 waren es ca. 90 % (Abb. 30).

Versuche mit dem polyesterbeschichteten Werkstoff ergaben bei der Tiefung von 8 mm einen Gitterschnitt-Kennwert Gt 1 A. Dieser Werkstoff wurde dann unter radialen Zug- und tangentialen Druckspannungen umgeformt. Dabei wurden die Gitterschnitte nach der Umformung aufgebracht. Auch bei den dabei am stärksten umgeformten Proben, die einen tangentialen Umformgrad von φ_t = 0,36 entsprechend ε_t = 30,4 % aufwiesen, konnte dabei keine Veränderung des Gitterschnitt-Kennwertes festgestellt werden. Dieses Verfahren ermöglicht also bei den folienbeschichteten Werkstoffen eine qualitative Beurteilung der Werkstoffe, für den polyesterbeschichteten Werkstoff erwies es sich als wenig geeignet, um die durch steigenden Umformgrad abnehmende Haftung aufzuzeigen.

6.1.3. Prüfung nach der Abreißmethode

Eine Methode um eine quantitative Aussage über die Haftkraft zwischen Grundwerkstoff und Beschichtung zu erhalten, ist die "Messung der Haftfestigkeit von Anstrichen und ähnlichen Beschichtungen nach der Abreißmethode" wie sie in der DIN 53 232 festgelegt ist. D. Junkers [45] hat umfangreiche Untersuchungen zum Problem der Haftfestigkeit an folienkaschierten Feinblechen durchgeführt. Die untersuchten Verbundwerkstoffe sind im Labor hergestellt worden und wiesen eine verhältnismäßig geringe Haftung auf. Wie auch schon W. Brockmann [10] festgestellt hat, weisen die im industriellen coil-coating-Verfahren hergestellten Werkstoffe eine wesentlich höhere Haftfestigkeit als die im Labor gefertigten Proben auf. Bei den Untersuchungen löste sich entweder die Klebung zwischen Zugstempel und Folie oder es tritt eine Trennung innerhalb des Folienwerkstoffes ein. Erst nach sehr großen Umformungen ist der Verbund in der Kleberschicht so verändert, daß ein Versagen dort eintritt.

Auch die Adhäsionskräfte von flüssig aufgebrachten Kunststoffschichten sind bereits mit Hilfe der Abreißmethode bestimmt worden. [5, 10, 29, 101, 116, 125, 126] Es wurden eine Reihe von Beschichtungswerkstoffen untersucht, wobei der Einfluß folgender Versuchsparameter geprüft wurde:

Rauhigkeit des Stahluntergrundes
Vorbehandlung des Bleches
Prüftemperatur
Prüfgeschwindigkeit
Quellung der Beschichtung durch Lagerung in Wasser.

Nur in geringem Umfang ist bisher ermittelt worden, wie durch einen praxisnahen Umformvorgang die Haftfestigkeit der Beschichtung verändert wird [45] , deshalb wurde am polyesterbeschichteten Versuchswerkstoff 4 die Haftfestigkeit nach einer Umformung gemessen.

Da auch Messungen an gekrümmten Flächen durchgeführt werden sollten, erwies sich der in der Norm genannte Prüfkörperdurchmesser von 20 mm als nicht geeignet, und es wurde deshalb ein kleinerer Durchmesser von 10 mm gewählt. Die Blechdicke des Verbundwerstoffes betrug nur 0,61 mm, daher mußte mit Gegenstempel gearbeitet werden, um einen mehrachsigen Spannungszustand durch Einzug an den Rändern zu vermeiden. Diese Gegenstempel hatten einen Durchmesser von 20 mm. Durch das Flächenverhältnis von 4:1 war gewährleistet, daß das Abreißen nur an der Seite der kleinen Prüfstempel erfolgt. Um eine definierte Fläche zu erhalten, wurden die Reste des seitlich ausgetretenen Klebers abgedreht und dabei gleichzeitig die Beschichtung des Meßbereiches von der übrigen Beschichtung getrennt.

Es wurden einmal Proben untersucht die im hydraulischen Tiefungsversuch unter zweiachsigen Zugspannungen umgeformt wurden, sowie Proben aus dem Restflansch tiefgezogener Werkstücke. Hier findet die Umformung unter einem Zug-Druck-Spannungszustand statt. Der Umformgrad wurde durch Ausmessung eines auf der Probenrückseite im Bereich der Meßfläche aufgebrachten Kreises ermittelt.

Als Maß für die Beanspruchung wurde die Summe der beiden in der Fläche liegenden Umformgrade gewählt.

$$\varphi^{*} = |\varphi_1| + |\varphi_2|$$

Im nicht umgeformten Zustand hat der Werkstoff eine Haftfestigkeit $\sigma_H = 15{,}3\ \mathrm{N/mm^2}$. Wie Abb. 31 zeigt, erfolgt bei geringen Umformgraden zunächst ein ziemlich steiler Abfall der Haftfestigkeit und bei größeren Umformgraden verläuft die Kurve zunehmend flacher. Schon hier zeigt sich, daß die Angabe des Umformgrades nicht ausreicht, um das Verhalten des Verbundwerkstoffes nach einer Umformung eindeutig zu beschreiben. Im zweiachsigen Zug-Bereich zeigt der Verbund schlechtere Eigenschaften als im Zug-Druck-Bereich.

Im ersten Fall kann die Beschichtung, bzw. die Grenzschicht Blech-Kunststoff der oberflächenvergrößernden zweiachsigen Zugbeanspruchung nur durch ein Fließen aus der Materialdicke folgen. Bei der Zug-Druck-Umformung kann die Dehnbeanspruchung durch ein Nachfließen aus der Breite kompensiert werden.

Allgemein kann jedoch gesagt werden, daß sich mit zunehmender Umformung die Bruchzone aus der Beschichtung heraus in die

Grenzschicht verlagert. Beim unverformten Werkstoff verbleibt eine geschlossene Schicht auf dem Werkstück. Im Kleber des Prüfstempels sind gleichmäßig verteilt feine Reste der Beschichtung zu erkennen. Mit zunehmender Umformung erfolgt ein "Mischbruch", d.h. die Trennfläche liegt zum Teil in der Beschichtung, zum Teil in der Grenzfläche Blech-Beschichtung. Dabei nimmt die Menge der auf dem Werkstück verbleibenden Beschichtung mit steigendem Umformgrad ab. Im Zug-Bereich erfolgt bei einem $\varphi^* > 0,25$ eine vollständige Ablösung in der Grenzfläche, d.h. es verbleiben keine Beschichtungsreste auf dem Werkstück. Bei einer Zug-Druck-Umformung liegt diese Grenze erst bei wesentlich höheren Umformgraden. An der Grenze des untersuchten Bereiches bei $\varphi^* = 0,8$ verblieben noch Reste auf dem Werkstück.

Für die Praxis zeigen diese Ergebnisse, daß an Werkstücken, bei denen die Formgebung überwiegend unter zweiachsigen Zugspannungen erfolgt, der Verbund stärker beansprucht ist als bei einer entsprechenden Tiefziehumformung. Auch andere qualitätsbestimmte Eigenschaften wie Korrosionsschutz und Glanz werden durch eine Streckziehumformung stärker verändert als durch eine Tiefziehumformung, wie die folgenden Versuchsergebnisse zeigen.

6.2. Glanzmessungen

6.2.1. Allgemeine Probleme bei der Beurteilung des Glanzes

Bei der Prüfung von Kunststoffbeschichtungen besteht auch die Notwendigkeit den Glanz der Beschichtung zu beurteilen, da der optische Eindruck ein wichtiges Qualitätsmerkmal ist. Der Glanzeindruck einer lackierten Oberfläche kann von verschiedenen Beobachtern durchaus unterschiedlich beurteilt werden. Es ist sehr schwierig, den visuell empfundenen Glanzeindruck durch Maßzahlen darzustellen, da das menschliche Auge keine absolute Glanzbeurteilung durchführen kann. Der Glanzeindruck wird also durch subjektive vom Beobachter abhängige Komponenten beeinflußt. Er wird also nicht nur durch objektive Merkmale bestimmt, wie sie im wesentlichen durch Lichtstreu- und Reflektionsvermögen zum Ausdruck kommen.

Es sind eigentlich nur die durch die glänzende Oberfläche bedingten Faktoren meßbar, deshalb ist der in der Praxis eingebürgerte Begriff der Glanzmessung streng genommen so zu verstehen, daß nicht der Glanz selbst, sondern nur das Glanzvermögen des betreffenden Objektes meßtechnisch bestimmt werden kann [36-38, 43, 58, 82, 127-129].Mit dem bisher bekannten Meßgeräten gelingt es daher nur in begrenztem Ausmaß, die visuellen Beobachtungsbedingungen bei der Glanzbewertung nachzubilden [17, 41, 71, 74, 120] .

Bei der visuellen Beobachtung läßt sich Glanz nur dann feststellen, wenn der zu bewertende Gegenstand mit gerichtetem Licht beleuchtet wird. Auch bei den Meßgeräten wird ein entsprechendes Beleuchtungssystem eingehalten. Für die im Rahmen dieser Arbeit durchgeführten Messungen wurde ein Reflektometer benutzt, welches den Vorschriften der DIN 67 530 entsprach. Ein schmales Lichtbündel trifft unter einem bestimmten Einstrahlungswinkel auf die glänzende Oberfläche. Die Rauhigkeit der Oberfläche bewirkt bei der Reflektion eine Streuung des Lichtbündels. Es entsteht ein mehr oder weniger geöffneter Streulichtkegel, dessen Achse in Richtung des Reflektionswinkels liegt. In diesem Streulichtkegel befindet sich eine Blende und der durch diese Blende gehende Lichtstrom wird mittels eines photoelektronischen Empfängers gemessen. Dabei wird das Glanzmaß umso geringer ausfallen, je weiter der Kegel geöffnet ist, d.h. je stärker das als schmales Lichtbündel auftreffende Licht in Form des Streukegels aufgefächert wird.

Die Reflektometerwerte werden immer auf ein Standard bezogen. Dies ist eine polierte Schwarzglasplatte die ideale Reflexionseigenschaften besitzt, so daß das Lichtstrahlbündel nicht zu einem Streulichtkegel aufgefächert wird. Es fällt das gesamte von der Probe reflektierte Licht durch die Blende des Meßgerätes. Diesem ermittelten Maximalwert wird der Anzeigewert 100 zugeordnet. Zur Einmessung des Systems werden vermessene Arbeitsstandards verwendet, die man durch die Bundesanstalt für Materialprüfung erhalten kann. Um bessere Differenzierungsmöglichkeiten für verschiedene Anwendungsbereiche zu erhalten, werden Meßköpfe mit unterschiedlichen Einstrahlungswinkeln verwendet. Dabei wird der Winkel 20° für hochglänzende, der Winkel 60° für mittelglänzende und der Winkel 85° für matte Oberflächen eingesetzt.

6.2.2. Glanzmessungen an unverformten Werkstoffen

Die vier untersuchten Werkstoffe lassen sich aufgrund der Oberflächenstruktur in 2 Gruppen einteilen. Die PVC-beschichteten Systeme haben eine genarbte "Orangenschalenstruktur" wo hingegen das polyesterbeschichtete System eine glatte Oberfläche hat. Wie Untersuchungen von U. Zorll [130]gezeigt haben, wird der Meßwert bei einer genarbten Oberfläche im wesentlichen durch die Makrostruktur und nur zum Teil durch die die Glanzkomponente bestimmende Mikrostruktur bestimmt.Dies wirkt sich zum einen auf den Streubereich der Meßwerte aus, der relativ groß ist, zum anderen kann die Struktur schon durch den Fertigungsprozeß gerichtet werden. Wie die Tabelle Abb. 32 zeigt, hat dies zur Folge, daß bei den Versuchswerkstoffen 1 und 2 der Reflektionswert in Walzrichtung 10 bis 20 % größer ist als in Querrichtung.

Darüberhinaus erfolgt durch das plastische Fließen des Werkstoffes während eines Umformvorganges eine starke Ausrichtung der Struktur. Deshalb ergaben schon geringe Abweichungen der Meßrichtungen so starke Meßwertschwankungen, daß eine Aussage über den Reflexionswert nicht mehr möglich ist. Da die Versuchswerkstoffe 1-3 genarbte Oberflächen aufweisen, konnten die Messungen an umgeformten Proben nur mit dem Versuchswerkstoff 4 durchgeführt werden. Die Reflektometerkennwerte im Anlieferungszustand sind jedoch an allen 4 Versuchswerkstoffen gemessen worden. Die Ergebnisse sind in Abb. 32 aufgeführt, dabei ist jeder angegebene Wert das arithmetische Mittel aus 20 Einzelmessungen.

6.2.3. Glanzmessungen an Zugproben

Messungen mit dem Reflektometer führen bei einer eindimensionalen Krümmung schon bei Radien kleiner 800 mm zu nicht mehr tolerierbaren Meßfehlern [130]. Eine Überlagerung dieser Meßfehler auf die Glanzveränderung infolge einer Umformung würde eine Aussage unmöglich machen, da die Einflußgrößen nicht getrennt werden können. Es wurden deshalb nur Glanzmessungen an

Oberflächenteilen durchgeführt, die nach der Umformung eben sind. Hier bietet sich als einfachstes Verfahren der einachsige Zugversuch an. Da Zugproben nach DIN 50 114 nicht für Glanzmessungen mit einem handelsüblichen Reflektometer geeignet sind, wurden Zugproben mit einer Breite von 55 mm verwendet. Zur Bestimmung des Umformgrades wurde auf der Rückseite der Probe im Bereich des Meßfleckes eine Kreismarkierung aufgebracht. Der Reflektometerwert wurde vor und nach der Umformung bestimmt.

Der Meßwert vor einer Umformung wurde mit G_o und danach mit G_1 bezeichnet. Die Differenz der Meßwerte ist ΔG. Die grafische Darstellung der bezogenen Glanzabnahme $\Delta G / G_o$ als Funktion des Umformgrades $\varphi^* = |\varphi_1| + |\varphi_2|$

$$\frac{\Delta G}{G_o} = f(\varphi^*)$$

zeigt für den Versuchswerkstoff Nr. 4, daß im Bereich der relativ geringen Umformgrade, die im Zugversuch erreicht werden können, eine lineare Abnahme des Glanzes erfolgt (Abb. 33). Es muß jedoch daraufhingewiesen werden, daß die Steigungen dieser Geraden vom Einstrahlungswinkel des Reflektometers abhängt. In Abb. 34 ist zum Vergleich der 60°-Reflektometerwert und der 85°-Reflektometerwert aufgetragen. Der 85°-Meßkopf zeigt einen geringeren Glanzabfall an. Mattere Proben erscheinen bei streifendem Lichteinfall und streifendem Beobachtungswinkel grundsätzlich etwas glänzender als bei senkrechter Betrachtungsweise, deshalb ergibt der 85°-Einstrahlungswinkel auch bei matter werdender Oberfläche auf den Ausgangswert bezogen einen relativ höheren Reflektometerwert.

6.2.4. Glanzmessungen nach einer Umformung unter Zug-Druckspannungen

Um Probenkörper zu erhalten, die unter radialen Zug- und tangentialen Druckspannungen umgeformt werden sind, wurden zylindrische Teile mit unterschiedlichem Ziehverhältnis gefertigt, wobei jedoch ein Restflansch belassen wurde. Aus diesem Restflansch konnten ebene Probestücke entnommen werden.

Natürlich ist im Bereich der eigentlichen Meßfläche der Umformgrad in radialer Richtung nicht konstant. Bei den relativ großen Abmessungen des Werkstückes ist der Anstieg des Umformgrades innerhalb der relativ kleinen Meßfläche nur gering. Der rückwärtige aufgebrachte Meßkreis erfaßt zudem einen erheblichen Teil der Meßfläche, so daß auch ein mittlerer Umformgrad angegeben wird. Analog zu den später beschriebenen Messungen der Oberflächenrauheit zeigt sich hier ein linearer Zusammenhang zwischen dem "Oberflächenumformgrad" und der bezogenen Glanzabnahme (Abb. 35). Dies gilt sowohl für den 60°-Einstrahlungswinkel als auch für den 85°-Winkel. Die angegebenen Meßpunkte sind jeweils der arithmetische Mittelwert aus der Messung an 4 Proben mit gleichem Umformgrad. Die Diagramme wurden mit einer Meßdatenerfassungsanlage erstellt. Die Ausgleichskurven sind Polynome, die nach den Verfahren der kleinsten Fehlerquadrate durch ein Approximationsprogramm berechnet und ausgeplottet wurden.

6.2.5. Vergleich der Glanzmessungen

Wie sich schon in Kap. 6.1.3. gezeigt hat, ist das Verhalten der Beschichtung von der Zusammensetzung der Spannungen abhängig unter denen die Umformung erfolgt. Beim idealen Tiefziehen ist $\varphi_1 = -\varphi_2$ und beim einachsigen Zugversuch $\varphi_1 = -2\varphi_2$. Bei Umformungen unter zweiachsigen Zugspannungen wird die Oberfläche der Beschichtung offenbar stärker aufgerauht als durch eine entsprechende Umformung durch Zug-Druck-Spannungen, d.h. je stärker ein Nachfließen des Werkstoffes aus der Breite möglich ist,um so weniger matt wirkt eine Oberfläche. Für eine Glanzmessung bedeutet das, daß diese Oberfläche einen stärker gebündelten Streulichtkegel reflektiert und damit höhere Reflektometerwerte ergibt. Der in Abb. 36 gezeigte Vergleich von Meßergebnissen an Zugproben und an Tiefziehproben bestätigt diese Auswirkungen unterschiedlicher Umformbedingungen. Ein glättender Einfluß der Werkzeugoberfläche kann kaum vorhanden sein, da die Werkstücke mit der 80 µm starken Schutzfolie umgeformt wurden, wodurch ein weiches "Polster" zwischen Beschichtung und Werkzeug vorhanden ist, und damit eine glättende Wirkung der polierten Werkzeugoberfläche ausgeschlossen ist.

Für die Praxis zeigen diese Versuchsergebnisse, daß eine "freie" Umformung grundsätzlich einen Abfall des Glanzgrades bewirkt. Dabei hängt die Verringerung des Glanzes sowohl von der Höhe des Umformgrades als auch von der Zusammensetzung der Umformspannungen ab. Für jedes Werkstück ist zu prüfen, ob durch die entstandenen Glanzgradunterschiede der optische Eindruck zu stark verändert wird. Gegebenenfalls muß geprüft werden, inwieweit durch eine andere oder dickere Beschichtung der Glanzgradabfall verringert werden kann.

6.3. Messungen der Oberflächenrauheit

6.3.1. Allgemeine Erläuterungen zur Messung der Oberflächengeometrie

Da es einerseits nicht möglich ist, Glanzmessungen an gekrümmten Flächen mit einem praxisüblichen Krümmungsradius durchzuführen, bei einer Umformung die Veränderung des Glanzes jedoch vor allem auf eine Änderung der Oberflächenstruktur zurückzuführen ist, wurde untersucht, inwieweit aus der Änderung von Kennwerten die Oberflächenrauheit auf Glanzveränderungen geschlossen werden kann.

In der industriellen Praxis werden heute meist Tastschnittgeräte zur Erzeugung von Senkrechtschnitten eingesetzt. Mit Tastnadeln, die einen Abrundungshalbmesser von 2 bis 10 µm haben, wird die Oberfläche kontinuierlich abgefahren. Auf diese Weise entstehen sogen. "Istprofile" der Oberfläche, die sich von den wirklichen Profilen unterscheiden, weil sie infolge unvermeidbarer Mängel des Abtastverfahrens nur ein angenähertes Abbild der wirklichen Profilform sein können. Ohne auf die Problematik der Erzeugung von Tastschnitten im Einzelnen einzugehen, soll hier nur kurz das verwendete System beschrieben werden. Bei diesem Tastschnittgerät werden die Rauheitsmeßgrößen zweidimensional in Profilschnitten ermittelt, indem eine Tastspitze in einer senkrechten Schnittebene stetig über die Oberfläche bewegt wird, wobei die Spitze senkrecht zur Oberfläche geführt wird. Ihre hierbei auftretenden axialen Bewegungen werden mit elektrischen Mitteln auf das Anzeigeinstrument und das Schreibgerät übertragen. Es wurde ein Hommel-Tester vom Typ T eingesetzt, wobei das Tastsystem TFE, d.h. ein einkufiges

System mit in der Kufe liegender Tastnadel verwendet wurde.

Folgende das Meßergebnis bestimmende Einflußgrößen müssen bei einer Profilauswertung mit Tastschnittgeräten angegeben werden,

1. die Bezugslänge, innerhalb der die Gestaltsabweichungen ausgewertet werden,

2. der elektrische Hochpaß, der zur Profilfilterung verwendet wird,

3. die Vorlauflänge, die das Tastsystem vor Beginn der Bezugslänge durchlaufen muß, um das Oberflächenprofil auf die vom elektrischen Hochpaß gebildete Referenzlinie einzumitten.

In der DIN 4762 sind eine Reihe von Maßen aufgeführt, um Gestaltabweichungen 2.bis 5. Ordnung anzugeben. In der industriellen Praxis werden am häufigsten die Rauhtiefe R_t und der Mittenrauhwert R_a verwandt. Die Rauhtiefe ist der größte rechtwinklig zum geometrisch-idealen Profil gemessene Abstand des Istprofils vom Bezugsprofil. Der Mittenrauhwert R_a ist der arithmetische Mittelwert der absoluten Beträge der Abstände h_i des Istprofils vom mittleren Profil.

$$R_a = \frac{1}{L} \int_{x=0}^{x=L} |h_i| \, dx$$

6.3.2. Untersuchungen an Zugproben

Wie schon erwähnt, haben Bezugslänge und Wellentrennlänge (cut off) einen erheblichen Einfluß auf den Meßwert bei Messungen mit Tastschnittgeräten.

Für die Bezugslänge L = 1,5 mm (Vorlauflänge L_v = 0,5 mm) und den cut off = 0,75 mm sowie für die Bezugslänge L = 4,8 mm (Vorlauflänge L_v = 1,5 mm) und den cut off = 2,5 mm wurden je 10 Messungen an Blechabschnitten des Versuchswerkstoffes Nr. 4 durchgeführt. (Abb. 37)
Es wurden folgende statistische Größen berechnet:

1. arithmetischer Mittelwert

$$\bar{x} = \frac{1}{n}\sum_{i=1}^{n} x_i \qquad [\mu m]$$

2. relative Standardabweichung oder Variationskoeffizient

$$s_{rel} = \frac{1}{\bar{x}} \sqrt{\frac{1}{n-1}\sum_{i=1}^{n}(x_i - \bar{x})^2} \qquad [\%]$$

3. Vertrauensbereich (P = 95 %) bezogen auf den Mittelwert

$$u_r = \pm \frac{t \cdot s}{\sqrt{n} \cdot \bar{x}} \qquad [\%]$$

Wie die Messungen zeigen, führt die Wahl einer größeren Bezugslänge und die damit gerätetechnisch möglich Wahl einer größeren Wellentrennlänge zu einer Vergrößerung des arithmetischen Mittelwertes (+ 17% bei R_t und + 10% bei R_a). Jedoch wird gleichzeitig der Vertrauensbereich (P = 95 %) sehr viel kleiner. Die Wahl einer noch größeren Bezugslänge ist jedoch aus versuchstechnischen Gründen nicht möglich, da andernfalls bei den Tiefziehproben der Unterschied des Umformgrades innerhalb der Meßstrecke zu groß wird.

An Zugproben wurde zunächst untersucht, wie sich die Oberflächenrauheit durch eine Umformung ändert. Abb. 38 und 39 zeigen, daß sowohl die Rauhtiefe als auch der Mittenrauhwert mit größer werdender Umformung zunimmt.

Untersuchungen an Zugproben aus Stahlblech haben gezeigt, daß die Rauhtiefe linear mit der Dehnung ansteigt [144]. Dabei ist die Größe des Anstieges von der Korngröße des Blechwerkstoffes abhängig. Bei einer Beschichtungsdicke von 20 µm wird sich die Rauhtiefenveränderung des Trägerwerkstoffes bis auf die Oberfläche der Beschichtung auswirken. Andererseits verändert auch die Beschichtung selbst ihre Oberflächenstruktur infolge der Umformung. Es wurde also die Auswirkung dieser beiden Einflußgrößen gemessen. Wegen der relativ geringen Anzahl der Meßpunkte ist der Vertrauensbereich für die statistische Sicherheit P = 95 % jedoch recht groß.

6.3.3. Untersuchungen an Tiefungsproben

Wie schon erwähnt findet man an Proben, die im hydraulischen

Tiefungsversuch unter zweiachsigen Zugspannungen umgeformt worden sind, im Bereich der Kuppe einen Bereich homogener Umformung. Durch eine rückwärtig aufgebrachte Kreismarkierung kann der Umformgrad bestimmt werden und eine Zuordnung der Oberflächenrauheitskennwerte erfolgen. Auch bei diesen Untersuchungen zeigte sich eine lineare Zunahme der Rauhtiefe R_t und des arithmetischen Mittenrauhwertes R_a [145] . In Abb. 40 und Abb. 41 sind die Regressionsgeraden für die bez. Rauhtiefe und den bez. Mittenrauhwert dargestellt. Es wurden 18 Proben untersucht, wobei an jeder Probe 4 Einzelmessungen durchgeführt wurden. Der arithmetische Mittelwert dieser Einzelmessungen ist in die Diagramme eingetragen. Durch die verhältnismäßig große Zahl der Messungen ergibt sich hier ein relativ enger bez.Vertrauensbereich.

6.3.4. Untersuchungen an tiefgezogenen Proben

Entsprechend der in Kap. 6.2.4. beschriebenen Entnahme von Proben zur Glanzmessung wurden auch die Proben zur Prüfung der Rauhtiefe bzw. des arithmetischen Mittenrauhwertes aus dem Flanschbereich von Tiefziehteilen entnommen. Die in Abb. 42 und Abb. 43 dargestellten Meßwerte zeigen, daß auch beim Tiefziehen die Oberfläche zunehmend rauher wird, wenn auch in geringerem Maße wie im folgenden Kapitel aufgezeigt wird.

6.3.5. Vergleich der Rauheitsmessungen

Bei seinen Untersuchungen zur Oberflächenfeingestalt hat M. Reihle für Messingbleche festgestellt, daß die Zunahme der Oberflächenrauheitskennwerte R_t und R_a bei gleicher Korngröße lediglich vom Hauptumformgrad φ_g abhängt [145] . Zugversuch und hydraulischer Tiefungsversuch ergaben bei gleichem Hauptumformgrad gleiche Kennwerte. Auch die Ergebnisse von O. Kienzle und K. Mietzner an Stahl zeigen, daß die Rauhtiefe unabhängig davon ist, ob eine Dehnumformung oder eine Stauchumformung durchgeführt wurde [146] . Auch die Untersuchungen beim Tiefziehen [19, 145] zeigen, daß an unbeschichteten Blechwerkstoffen bei gleichem Hauptumformgrad die gleichen Oberflächenrauheitskennwerte auftreten wie beim Zugversuch und beim Tiefungsversuch. Dies gilt jedoch nur dann, wenn die Blechoberfläche nicht durch die Werkzeugoberfläche geglättet wird.

Die Oberfläche am polyesterbeschichteten Stahlblech des Versuchswerkstoffes 4 zeigt jedoch einen deutlichen Einfluß des Umformverfahrens. In Abb. 44 ist die Zunahme der Rauhtiefe für die drei Umformverfahren Streckziehen, einachsiger Zug und Tiefziehen dargestellt. Die Aufzeichnung der bezogenen Rauhtiefe in Abhängigkeit vom Umformgrad $\varphi^* = |\varphi_1| + |\varphi_2|$ zeigt, daß die Rauhtiefe beim Streckziehen wesentlich stärker zunimmt als beim einachsigen Zugversuch, und die Rauhtiefe beim Zugversuch wiederum höher liegt als beim Tiefziehen. So verhalten sich die Anstiege der Ausgleichsgeraden beim Streckziehen und beim einachsigen Zug wie 1,91:1, d.h. beim Streckziehen nimmt die Rauhtiefe fast doppelt so schnell zu. Bei einer Darstellung über dem Hauptumformgrad φ_g, entsprechend den Untersuchungen von M. Reihle, steigt dieses Verhältnis sogar auf 2,6:1.

Wie bereits erwähnt zeigt sich bei den Tiefziehproben eine geringere Zunahme der Rauhtiefe. Entsprechend Abb. 44 verhalten sich die Anstiege zu 1,91:1:0,64.

Ein ähnliches Verhalten zeigt auch der Vergleich des bezogenen Mittenrauhwertes in Abb. 45. Allerdings ist hier die relative Zunahme noch größer. Die Anstiege verhalten sich wie 2,77:1:0,74.

Es war deshalb erforderlich, auch die Veränderung der Oberflächenrauheit der Stahloberfläche zu untersuchen, um einen Vergleich zwischen beschichtetem und unbeschichtetem Werkstoff zu erhalten. An Zugproben wurde auf einer Seite die Beschichtung entfernt und auf der anderen Seite Kreismarkierungen zur Bestimmung des Umformgrades aufgebracht. Da die Blechoberfläche nach dem Entfernen der Beschichtung eine sehr ungleichmäßige Oberflächenrauhigkeit aufwies, wurden die Oberflächen entsprechend den Versuchen von Kienzle [144] geschliffen. Sie wiesen eine Rauhtiefe von 1 µm und einen Mittenrauhwert von 0,14 µm auf. Dann wurden die Proben unterschiedlich gedehnt und die Rauheitskennwerte sowie die Umformgrade gemessen. Die Meßergebnisse der Rauhtiefe wurden in der Form $\Delta R_t = b_\varphi \cdot \varphi^*$ dargestellt. Abb. 46 Der Richtungsfaktor b_φ ist ein Maß für die Rauhtiefenzunahme, d.h. bei einer starken Rauhtiefenzunahme weist das Diagramm einen hohen Richtungsfaktor auf, woraus widerum auf einen großen Korndurchmesser des Werkstoffes geschlossen werden kann. Für den untersuchten Versuchswerkstoff 4 ergab sich ein Richtungsfaktor b_{φ} = 18,9 bei einem Vertrauensbereich (P = 95 %) von u = ± 1,25 entsprechend ± 6,5 %.

Eine entsprechende Darstellung ist auch für den arithmetischen Mittenrauhwert möglich (Abb. 47) . Es ergibt sich ein Richtungsfaktor C_{φ} = 3,34 bei einem Vertrauensbereich (P = 95 %) von u = ± 0,241 entsprechend ± 7,0 %.

Vergleicht man nun die Zunahme der Rauhtiefe an beschichteten und unbeschichteten Zugproben (Abb. 48) so zeigt sich, daß die Zunahme an beschichteten Proben wesentlich geringer ist. Für das beschichtete Blech beträgt der Richtungsfaktor 9,37, das entspricht einer Verringerung auf 49,6 %. Beim Mittenrauhwert ist der Richtungsfaktor 1,62 entsprechend einer Verringerung auf 48,5 %.(Abb. 49)

Offensichtlich kann durch die Beschichtung die zunehmende Oberflächenrauheit der Blechoberfläche zum Teil ausgeglichen werden. Beim Tiefziehen zylindrischer Werkstücke ist die Oberfläche des Werkstückes nahezu gleich der Oberfläche der Ausgangsronde, und auch die Dicke der Beschichtung verändert sich nur relativ wenig. Da das Strecken des Beschichtungswerkstoffes durch ein Nachfließen der Beschichtung aus der Breite ausgeglichen werden kann, prägt sich die Rauhigkeit der Blechoberfläche nur zu einem relativ geringen Teil auf der Kunststoffoberfläche aus. Beim einachsigen Zug vergrößert sich bereits die Oberfläche, die Schichtdicke verringert sich und die Oberfläche der Beschichtung wird stärker aufgerauht. Beim Streckziehen erfolgt die Umformung ausschließlich aus der Blechdicke. Der Kunststoff kann die Rauheit des Bleches nur zum geringen Teil ausgleichen und so entsteht eine relativ rauhe Oberfläche.

Die Messungen der Oberflächenmikrogeometrie an umgeformten kunststoffbeschichteten Werkstoffen zeigen für die Praxis folgende Ergebnisse. Die durch eine Umformung hervorgerufene Zunahme der Oberflächenrauheit wird durch die Oberflächenveränderung des Stahlgrundwerkstoffes hervorgerufen. Die Beschichtung kann diese Rauheit verringern, insbesondere beim Tiefziehen, da hier der Werkstoff im wesentlichen aus der Breite und nicht aus der Dicke fließt. Darüberhinaus ist ein Stahlwerkstoff mit kleinem Korn einzusetzen, da diese Werkstoffe geringere Zunahmen der Oberflächenrauheit aufweisen.

6.4. Zusammenhang zwischen Veränderungen des Glanzes und der Oberflächenrauheit

Es ist schon im Kap. 6.2. darauf hingewiesen worden, daß eine Messung des Glanzes an den gekrümmten Flächen eines Tiefziehteiles nicht möglich ist. Deshalb ist es von besonderem Interesse festzustellen, ob aus Messungen der Oberflächenrauheit Rückschlüsse auf den Glanzgrad möglich sind. Um dies zu prüfen, sind folgende Rechnungen durchgeführt worden. Die Meßgrößen bez. Rauhtiefe $\Delta R_t / R_{t_o}$ (bez. Mittenrauhwert $\Delta R_a / R_{a_o}$) und die bez. Glanzabnahme $\Delta G / G_o$ seien zufällige Variable einer zweidimensionalen Grundgesamtheit. Damit kann als Maß für den Grad ihrer linearen Abhängigkeit der Korrelationskoeffizient r aus der Kovarianz und den beiden Standardabweichungen berechnet werden [147].

Setzt man $x = \frac{\Delta R_t}{R_{t_o}}$ bzw. $\frac{\Delta R_a}{R_{a_o}}$

und $y = \frac{\Delta G}{G_o}$

so ist $r = \frac{s_{xy}}{s_x \cdot s_y}$.

$$s_x^2 = \frac{1}{n-1} \sum_{i=1}^{n} (x_i - \bar{x})^2 = \frac{1}{n-1} \left[\sum_{i=1}^{n} x_i^2 - \frac{1}{n} \left(\sum_{i=1}^{n} x_i \right)^2 \right]$$

$$s_y^2 = \frac{1}{n-1}\sum_{i=1}^{n}(y_i - \bar{y})^2 = \frac{1}{n-1}\left[\sum_{i=1}^{n} y_i^2 - \frac{1}{n}\left(\sum_{i=1}^{n} y_i\right)^2\right]$$

$$s_{xy} = \frac{1}{n-1}\sum_{i=1}^{n}(x_i - \bar{x})(y_i - \bar{y})$$

$$= \frac{1}{n-1}\left(\sum_{i=1}^{n} x_i\, y_i - n\bar{x}\bar{y}\right)$$

$$= \frac{1}{n-1}\left(\sum_{i=1}^{n} x_i\, y_i - \frac{1}{n}\sum_{i=1}^{n} x_i \sum_{i=1}^{n} y_i\right)$$

Für die einachsigen Zugversuche und die Tiefziehversuche sind die Korrelationskoeffizienten berechnet worden. Es zeigt sich, daß zwischen den Kennwerten der Oberflächenrauheit und dem Glanzgrad ein sehr guter linearer Zusammenhang besteht. Die Korrelationskoeffizienten liegen zwischen 0,85 und 0,97. Man kann deshalb davon ausgehen, daß es sich um zwei voneinander abhängige Meßgrößen handelt. Es wurden deshalb die Regressionsgeraden berechnet und in die Diagramme Abb. 50 bis Abb. 53 eingetragen.

Wie aufgrund der Ergebnisse der Glanz- und Rauheitsmessungen zu erwarten war, lassen sich jedoch nur Proben vergleichen, die durch das gleiche Verfahren umgeformt wurden. Bei der Darstellung der bez. Glanzabnahme als Funktion der bez. Rauhtiefe ergibt sich bei einachsiger Zugumformung ein Richtungsfaktor von 0,46 und bei einer Tiefziehumformung ein Richtungsfaktor von 0,34, d.h. bei gleicher Zunahme der Rauhtiefe beträgt die bezogene Glanzabnahme im Zugversuch das 1,35-fache. Für den bez. arithmetischen Mittenrauhwert ist der Richtungsfaktor bei den Zugversuchen 0,42 und bei den Tiefziehversuchen 0,27. Damit beträgt hier die bezogene Glanzabnahme das 1,56-fache.(Abb. 54)

Hieraus lassen sich für die Praxis folgende Schlüsse ziehen. Es ist grundsätzlich möglich durch Messung der Oberflächenrauheit eine Aussage über die Veränderung des Glanzgrades zu machen. Jedoch ist es notwendig, daß das Vergleichsdiagramm unter den gleichen Umformbedingungen aufgenommen wurde, wie sie am Prüfling vorhanden sind. Mit Hilfe der Richtungsfaktoren ist sogar eine Berechnung der Glanzgradabnahme möglich, ohne daß ein Diagramm erstellt werden muß.

6.5. Untersuchungen zur Porigkeit der Beschichtung

Wenn eine Beschichtung Risse und Poren aufweist, so ist der Trägerwerkstoff an diesen Stellen gegen einen korrosiven Angriff nicht geschützt. Diese Fehlstellen in der Beschichtung können durch mikroskopische Untersuchungen oder auch durch Anlegen einer elektrischen Spannung festgestellt werden.

Dieses zweite Prüfverfahren hat sich jedoch für die vier untersuchten Versuchswerkstoffe als nicht geeignet erwiesen. Die folienbeschichteten Versuchswerkstoffe zeigten auch bei starker Umformung und maximaler Prüfspannung von 15 kV keine Fehlstellen. Der polyesterbeschichtete Werkstoff zeigte im

Ausgangszustand ebenfalls keine Poren. Bei etwa 2 kV kommt es jedoch zu einem Durchschlag der relativ dünnen Beschichtung. An Beulproben wurden schon bei Dehnungen kleiner 2 % bei der geringst möglichen Prüfspannung von 220 V zahlreiche Poren festgestellt. Eine Differenzierung gegenüber größeren Umformungen ist nicht möglich. Diese Prüfungen konnten deshalb nicht eingesetzt werden, da sie nur für bestimmte Beschichtungswerkstoffe geeignet zu sein scheinen.

6.6. Messungen der Beschichtungsdicke

6.6.1. Allgemeines zur Problematik der Schichtdickenmessung

Neben der Art des Beschichtungswerkstoffes ist auch die Schichtdicke von großer Wichtigkeit, da insbesondere auch die Korrosionsschutzeigenschaften durch die Beschichtungsdicke beeinflußt werden. Während der Umformung kommt es zu Veränderungen die insbesondere auch auf das anisotrope Verhalten des Grundwerkstoffes zurückzuführen sind. Zur Messung von nichtmagnetischen Schichten auf magnetisierbarem Trägermaterial werden meist Geräte eingesetzt, die nach dem Wirkungsprinzip des magnetischen Verstärkers arbeiten. In Verbindung mit den beiden Auflageproben bildet das Joch der Sonde mit dem Meßgegenstand einen magnetischen Kreis. Eine der Sondenwicklungen erzeugt das Steuerfeld, die andere bestimmt die durch die jeweilige Schichtdicke bedingte Änderung des magnetischen Widerstandes. Die von der Meßsonde abgegebene Spannung wird über einen Verstärker dem eingebauten Meßinstrument zugeführt. Die Anzeige der Schichtdicke erfolgt direkt in Mikrometer. Darüberhinaus kann über einen Spannungsausgang die Schichtdicke, bzw. die örtliche Veränderung der Schichtdicke mit einem Analogplotter aufgezeichnet werden.

6.6.2. Beschreibung des Meßaufbaus

Wie aus Abb. 1 hervorgeht ist ein Teil der Versuchsbleche mit einer genarbten PVC-Folie kaschiert. Die Bestimmung einer mittleren Schichtdicke ist bei einem derartigen Werkstoff praktisch nur durch eine kontinuierliche Messung über eine gewisse Strecke möglich. Für diese Meßaufgabe und zur Schichtdickenmessung an umgeformten Werkstücken wurde die in Abb. 56 gezeigte Versuchseinrichtung entwickelt. Mit ihr ist es möglich, die Dicke der Beschichtung in Zargenlängsrichtung und in Abhängigkeit vom Drehwinkel in Umfangsrichtung aufzuzeichnen und zu messen (Abb. 55).

In Abb. 57 ist das Blockschaltbild dieser Meßeinrichtung dargestellt. Dieses Blockschaltbild zeigt drei Meßketten. Durch einfaches Umschalten und Ändern der Bewegungsrichtung des zu prüfenden Werkstückes ist es möglich, die Beschichtungsdicke einmal in Zargenlängsrichtung (obere und mittlere Meßkette) und einmal in Umfangsrichtung (obere und untere Meßkette) aufzuzeichnen. Da der magnetische Widerstand R_M proportional $1/\delta$ ist, erfolgt die Aufzeichnung auf logarithmischen Registrierpapier.

6.6.3. Meßergebnisse

Das Einmessen der Meßkette erfolgt mit Einmeßfolien deren

Dicke bekannt ist. Um den Einfluß unterschiedlicher magnetischer Widerstände der Trägerwerkstoffe zu eliminieren, muß zum Einmessen der entsprechende Trägerwerkstoff mit blankgeschliffener Oberfläche verwendet werden. Außerdem hat sich bei allen Versuchswerkstoffen gezeigt, daß durch die Umformung eine Erhöhung des magnetischen Widerstandes des Blechwerkstoffes erfolgt. Als Beispiel zeigt die Abb. 58 für den Versuchswerkstoff 1 die Veränderung des magnetischen Widerstandes in Zargenlängsrichtung an einen zylindrischen Ziehteil mit einem Durchmesser von 150 mm. Gegenüber dem nahezu unverformten Werkstoff am Boden verschiebt sich der Nullpunkt über einer Zargenhöhe von ca. 145 mm um 0,5 µm. Dabei beträgt der tangentiale Umformgrad am oberen Rand $\varphi_t \approx 0{,}8$. Bei relativ dicken Beschichtungssystemen, wie bei der PVC-Folienbeschichtung der Versuchswerkstoffe 1 bis 3 kann dieser Meßfehler vernachlässigt werden, bei dünnen Beschichtungen mit Schichtdicken < 10 µm muß man ihn jedoch gegebenenfalls berücksichtigen.

6.6.3.1. Messungen an folienbeschichteten Werkstoffen

Da die Folie, mit der diese Versuchswerkstoffe kaschiert waren, eine lederartige Narbung aufweist, wurde die mittlere Schichtdicke durch Aufzeichnung der Beschichtungsdicke über eine gewisse Meßstrecke bestimmt. (Abb. 59). Alle drei Werkstoffe wiesen eine mittlere Schichtdicke von 245 µm auf, dabei erzeugte die Narbung eine Streubreite von etwa ± 20 µm.

Aufgrund der tangentialen Druckspannungen in Flansch und Ziehradius, der Längszugspannungen in der Zarge sowie der Anisotropie des Werkstoffes kommt es beim Tiefziehen zu Veränderungen der Blechdicke. Der Verlauf der Blechdicke in Zargenlängsrichtung ist in Abb. 60 dargestellt. Als Folge der in Abb. 6 aufgezeigten richtungsabhängigen Verteilung der senkrechten Anisotropie zeigt sich über dem Ziehteilumfang ein unterschiedlicher Blechdickenverlauf. Unter jeweils 45° zur Walzrichtung liegen die geringsten Werte der senkrechten Anisotropie, d.h. der Werkstoff fließt hier verstärkt in Richtung der Blechdicke. Dies führt im unteren Zargenbereich zu einer stärkeren Blechdickenverringerung und im oberen Bereich zu einer verstärkten Zunahme. Ein Querschnitt in 120 mm Zargenhöhe zeigt diesen Zusammenhang noch einmal sehr deutlich. (Abb. 61) Unter 45° zur Walzrichtung liegt die Blechdicke deutlich über der Ausgangsblechdicke von 0,88 mm,und unter 0° bzw. 90° zur Walzrichtung nimmt die Blechdicke ab und liegt unter 0,88 mm.

In ähnlicher Weise verändert sich auch die Dicke der Beschichtung. Abb. 62 und Abb. 63 zeigen die Schichtdickenverläufe in Zargenlängsrichtung unter 0° bzw. 45° zur Walzrichtung. Jedoch liegen die Schwankungen hier höher als bei der Blechdicke. Bei 0° zur Walzrichtung ist der Unterschied zwischen der größten und der kleinsten mittleren Schichtdicke ca. 12% und unter 45° zur Walzrichtung ca. 25 %. Die bereits visuell festgestellte zunehmende feinere Struktur über der Zargenhöhe macht sich meßtechnisch in der Form bemerkbar, daß die Schwankungsbreite sich verringert. Bei den Messungen in Umfangsrichtung liegt die Beschichtungsdicke in einem Abstand von 20 mm über dem Ziehteilboden etwa 7% unter der Ausgangsdicke. Diese Schichtdickenabnahme entspricht damit der Blechdickenabnahme. Wegen des geringen Umformgrades ist der Einfluß der Anisotropie gering (Abb. 67). Für einen Bodenabstand von 120 mm ergeben sich jedoch erhebliche Schichtdickenschwankungen. Auch hier zeigen sich im Bereich niedriger Anisotropiewerte Materialanhäufungen (Abb. 65).

Die hier für den Versuchswerkstoff 1 dargestellten Zusammenhänge treten in gleicher Weise bei den Werkstoffen 2 und 3 auf. Aufgrund der unterschiedlichen Anisotropiewerte treten lediglich Unterschiede bei den Absolutwerten auf.

6.6.3.2. Messungen an polyesterbeschichteten Werkstoffen

Einen prinzipiell ähnlichen Verlauf zeigt auch die Polyesterbeschichtung. Unter 0° Walzrichtung steigt die Dicke der Beschichtung von 21 auf 28 µm (entsprechend 33 %) und unter 45° Walzrichtung auf 32 µm (entsprechend 52 %). In Abb. 66 und Abb 67 sind die zugehörigen Meßschriebe abgebildet. Die relative Zunahme liegt deutlich über der relativen Zunahme der Blechdicke. Dieser Widerspruch ist durch den Meßwertaufnehmer bedingt. Im Gegensatz zu den genarbten PVC-Beschichtungen zeigt die ursprüngliche relative glatte Beschichtung mit zunehmendem Umformgrad einen Anstieg der Rauhtiefe (s. Abb. 42). Da die Auflagepole der Meßsonde halbkugelförmig sind, und der Radius 0,8 mm beträgt, wird praktisch nur auf den Spitzen und in den großen Senken gemessen. Die engeren Senken können von der Meßsonde nicht erfaßt werden. Dadurch ergibt sich ein höherer Mittelwert der Beschichtung.Die Veränderungen in der Oberflächenstruktur der Beschichtung zeigen sich auch bei den Messungen in Umfangsrichtung, wie sie in Abb. 68 und Abb. 69 dargestellt sind. Während die Schwankungsbreite des Meßschriebs dicht über dem Ziehteilboden etwa 1,5 µm beträgt, ist sie bei einem Bodenabstand von 120 mm ca. 4 µm.

Die Messung der Schichtdicke an tiefgezogenen Werkstücken zeigt, daß sich die Kunststoffbeschichtung hinsichtlich ihrer Dicke ähnlich wie der Blechwerkstoff verhält. Die durch die Umformspannungen hervorgerufenen Veränderungen der Blechdicke in Zargenlängsrichtung sind bei der Beschichtung in gleicher Weise vorhanden wie die anisotropiebedingten Schwankungen am Ziehteilumfang. Darüberhinaus lassen bei der kontinuierlichen Schichtdickenmessung die Schwankungen des Meßschriebes Schlüsse auf Veränderungen der Oberflächenstruktur zu. Bei den dicken PVC-Folienbeschichtungen wird das Korrosionsschutzverhalten durch die veränderte Schichtdicke kaum beeinflußt. Dagegen wirkt eine Dickenabnahme der Polyesterbeschichtung sich negativ bei einer Korrosionsbeanspruchung aus, wie die im folgenden Kapitel beschriebenen Untersuchungen gezeigt haben.

6.7. Untersuchungen zum Korrosionsschutzverhalten

6.7.1. Allgemeine Erläuterungen zur Korrosion an kunststoffbeschichteten Werkstoffen

Die Lebensdauer von Werkstücken aus kunststoffbeschichteten Blechen wird sowohl durch "mechanischen Verschleiß" als auch durch "korrosiven Verschleiß" beeinflußt. Im Rahmen dieser Arbeit wurden Untersuchungen über die Abriebfestigkeit nicht durchgeführt, deshalb wird im folgenden als Lebensdauer der Zeitraum bezeichnet, in dem das Werkstück bei gegebener korrosiver Beanspruchung noch die Mindestanforderungen für den jeweiligen Einsatzzweck erfüllt.

Damit wird deutlich, daß die Lebensdauer sehr wesentlich von der Zweckbestimmung abhängig ist. Für Gegenstände, bei denen es in erster Linie auf das Aussehen ankommt, kann bereits eine bestimmte Glanz- und Farbänderung Grundlage für die Ermittlung der Lebensdauer sein. In anderen Fällen dient die Beschichtung ausschließlich dem Korrosionsschutz. Die Lebensdauer wird dann von Veränderungen bestimmt, die eine Zerstörung der Korrosionsschutzwirkung anzeigen, wie Blasenbildung oder Ablösen der Beschichtung.

Ein großer Teil aller Werkstücke, die aus beschichtetem Halbzeug gefertigt werden, ist dauernd oder zeitweilig einer natürlichen oder künstlichen korrosiv wirkenden Atmosphäre ausgesetzt. Außer durch Wasser und Sauerstoff wird durch die Luftverschmutzung mit gasförmigen und festen Bestandteilen eine "aggressive Atmosphäre" geschaffen, die früher oder später zu Schäden am Verbundwerkstoff führt. Allgemein kann man die Veränderungen der Beschichtung nach folgenden Eigenschaften und Schädigungsformen bewerten [42].

<u>Aussehen</u>

Farbänderung
Glanzänderung
Reinigungsmöglichkeit
Wiederherstellbarkeit des Glanzes

<u>Korrosionsschutzwirkung</u>

Kreidung
Rißbildung
Blasenbildung
Schichtablösung
Durchrosten

Bei einer Prüfung unter atmosphärischem Angriff, d.h. bei Freibewitterung ist eine Aussage über das Verhalten des Systems oft erst nach Monaten oder Jahren möglich. Es sind deshalb eine Vielzahl von Laborprüfungen entwickelt worden, die es ermöglichen sollen, schon in einem Zeitraum von wenigen Tagen oder Wochen das Verhalten des Systems Grundwerkstoff - organische Beschichtung zu beurteilen. Vergleichende Untersuchungen haben gezeigt, daß die Übertragbarkeit der in Laborversuchen ermittelten Prüfergebnisse auf die durch Freibewitterung erzielten Ergebnisse nicht immer ohne Einschränkungen möglich ist [56, 77, 117]. Besonders die Untersuchungen in SO_2-haltiger Atmosphäre zeigten für eine Reihe von Werkstoffen starke Unterschiede zwischen Freibewitterung und künstlicher Bewitterung.

Auch über den Mechanismus des korrosiven Versagens, wie er häufig zunächst in Form von Blasenbildung auftritt, bestehen noch sehr unterschiedliche Auffassungen. Elektrochemische Korrosionsprozesse, deren Reaktionsgeschwindigkeit von der Diffusion von Sauerstoff, Wasser und von der Ionenpermeabilität der Beschichtung abhängt, sind sicherlich nur ein Teil des sehr schwierigen Gesamtkomplexes der Korrosion von kunststoffbeschichteten Stahlblechen. Es ist bekannt, daß gerade auf nichtleitenden Trägerwerkstoffen häufig zahlreiche und große Blasen entstehen. Diese Erscheinung kann durch einen elektrochemischen Prozeß nicht gedeutet werden. Es treten osmotische und elektroosmotische Vorgänge auf, durch die sich zwischen Beschichtungsfilm und Untergrund ein osmotischer Druck ausbildet. Außerdem kommt es durch Quellung der Beschichtung zu einer Ausdehnung. Die Quellung erfolgt durch osmotischen Druck der sich in "Taschen" innerhalb des Filmes bildet [62]. Darüberhinaus kann eine Verseifung der Beschichtung an der Haftzone eine Lockerung der Adhäsionskräfte durch Inlösungsgehen des Metalles bewirken [148].

Diffusions- und Permeationsmessungen an freien Filmen des Beschichtungswerkstoffes [1,2], sowie Untersuchungen zur Korrosionsschutzwirkung mit Hilfe der Impedanzmessung [78, 79, 80, 103] können deshalb nur immer Teilgebiete des Korrosionsschutzmechanismus erfassen. Das komplexe Geschehen entzieht sich jedoch immer noch einer geschlossenen Beurteilung.

6.7.2. Beschreibung der angewandten Prüfmethoden

Das Ziel der durchgeführten Untersuchungen war es, eine Aussage darüber zu machen, wie durch einen Umformvorgang das

Korrosionsschutzverhalten der Beschichtung verändert wird. Dabei hat es sich als relativ schwierig erwiesen, ein geeignetes Beurteilungskriterium für den Grad der Korrosionsschäden zu finden. Die "Bezeichnung des Rostgrades von Anstrichen" nach DIN 53 210 hat sich als nicht geeignet erwiesen, da ein anderes Korrosionsbild auf der Oberfläche vorhanden ist. Solange eine Haftung zwischen Beschichtung und Grundmaterial besteht, kann davon ausgegangen werden, daß das Grundmaterial keine visuell wahrnehmbaren Korrosionsschäden zeigt. Sobald sich auf der metallischen Oberfläche Korrosionsprodukte bilden, besteht praktisch keine Haftung mehr zwischen Beschichtung und Trägerwerkstoff und der Beschichtungswerkstoff löst sich ab. Bei dünnen Beschichtungen ist dies i.a. mit einer Blasen- oder Schuppenbildung verbunden.

Die Proben wurden zwei unterschiedlichen Korrosionsbeanspruchungen ausgesetzt. Im Schwitzwasser-Konstantklima nach DIN 50017 werden die Werkstücke in einem Prüfschrank gelagert, dabei beträgt die relative Luchtfeute 100 % bei einer Temperatur von 40°C. Die Versuchsdauer betrug hier bis zu 1000 Std. Das verwendete Schwitzwassergerät (Abb. 70) erfüllte die in der Norm gestellten Anforderungen.

Parallel hierzu wurden Korrosionsprüfungen in einem aggressiven Medium durchgeführt. Nach DIN 50021 wurden die Prüflinge der Beanspruchung durch Salzsprühnebel ausgesetzt. Aus einer 5 prozentigen Natriumchloridlösung wird mittels Druckluft ein Sprühnebel erzeugt. Die Temperatur in der Prüfkammer des Schrankes (Abb. 71) beträgt 35°C. Da das Prüfmedium relativ aggressiv ist, betrug die Prüfdauer max. 450 Std.

6.7.3. Korrosionsprüfungen an streckgezogenen Werkstücken

Für diese Versuchsreihe wurden aus den 4 Versuchswerkstoffen im hydraulischen Tiefungsversuch Werkstücke hergestellt, die unter zweiachsigen Zugspannungen umgeformt worden sind. An diesen Werkstücken wurde durch Lagerung in korrosiver Atmosphäre geprüft, wie sich durch die Umformung das Korrosionsschutzverhalten verändert hat.

6.7.3.1. Folienbeschichtete Systeme

Zunächst wurden aus Ronden mit einem Durchmesser von 180 mm Werkstücke mit unterschiedlicher Beultiefe hergestellt. Jeder Beultiefe kann im gleichmäßig umgeformten Kuppenbereich ein entsprechender Umformgrad zugeordnet werden. Unter der Annahme homogener Umformung läßt sich dieser sehr einfach durch Messung der Blechdickenveränderung näherungsweise abschätzen.

$$\varphi^* = |\varphi_s| = \left| \ln \frac{s_0}{s_1} \right|$$

Jede Serie hatte die Beultiefe 0 mm, 5 mm, 9 mm, 12 mm usw. in Stufen von 3 mm bis zum Versagen des Blechwerkstoffes und bestand damit aus 10 bis 12 Einzelproben. Nach der Tiefung wurden die Proben mit einem kreuzförmigen Schnitt versehen. Dieser Schnitt trennte die PVC-Folie bis zum Grundwerkstoff. Nur diese verletzten Proben weisen Schäden durch korrosiven Angriff auf. Proben ohne Kreuzschnitt zeigen bei beiden Korrosionstests keine Schäden.

Die gereinigten Proben wurden 1000 Stunden im Schwitzwasser-Konstantklima nach DIN 50017 gelagert, und nach Ennahme aus dem Prüfschrank getrocknet. Schon wenige Stunden nach der Beschickung des Prüfschrankes zeigt sich am ungeschützen Platinenrand und am Kreuzschnitt eine leichte Rostbildung die sich laufend verstärkt. Da auf der Oberfläche der Werkstücke Wasser kondensiert, lösen sich Rostpartikel in diesem Wasser und verteilen sich auf der Blechoberfläche. Nach dem Trocknen weist die Oberfläche rostbraune Flecken auf und wirkt dadurch scheinbar stark korrodiert (Abb. 72). Es handelt sich jedoch nur um Ablagerungen auf der PVC-Folie, die sich mit warmen Wasser leicht entfernen lassen. Danach hat die Oberfläche das gleiche Aussehen wie vor dem Korrosionstest.

Abb. 73 zeigt eine Probe mit einer Beultiefe von 30 mm nach 1000-stündigem Korrosionstest.Sie entspricht der Probe in Abb. 72. Sie wurde lediglich nach der Entnahme aus dem Schrank mit warmen Wasser gereinigt. Dies macht deutlich, daß die relativ dicke PVC-Folienbeschichtung einen sehr guten Korrosionsschutz bietet. Ein Versagen der Korrosionsschutzwirkung durch Quellen der Beschichtung oder Diffusion und eine damit verbundene Ablösung findet innerhalb des Prüfzeitraumes nicht statt. Darüberhinaus zeigte sich, daß sich die PVC-Oberfläche sehr gut reinigen läßt.

Bei sehr großen Beultiefen, d.h. bei hohen Umformgraden treten allerdings Schäden auf, die zunächst nicht erkennbar sind. Vom Kreuzschnitt her findet im Kuppenbereich ein "Unterwandern" der Folie statt, die sich dann leicht abziehen läßt. Die Trennung tritt zwischen Folie und Kleber ein, so daß der Kleber noch in gewissem Maße korrosionsschützend wirkt. Die Rostbildung ist sehr gering, andernfalls würden die Korrosionsprodukte aufgrund ihres größeren Volumens ein Aufbeulen der Beschichtung hervorrufen. In Abb. 74 sind tiefe Beulproben aus den 3 folienbeschichteten Versuchswerkstoffen abgebildet; dabei ist erkennbar, daß am Werkstoff 3 der Bereich größer ist, in dem sich die Folie ablösen läßt.

In einer weiteren Versuchsreihe wurden streckgezogene Proben einer Korrosionsbeanspruchung im Salzsprühnebel nach DIN 50021 ausgesetzt. Die Versuchsdauer betrug 168 Stunden. Das aggressive Medium unterwandert die Folie wesentlich stärker. Schon unverformte Proben zeigen zu beiden Seiten des Schnittes unterwanderte Zonen, so daß sich die Folie abziehen läßt. Mit zunehmender Umformung nimmt die Breite dieser Zonen zu. Abb. 75 zeigt einige Prüflinge des Versuchswerkstoffes 3. Die beiden übrigen Werkstoffe zeigen prinzipiell das gleiche Verhalten, allerdings sind die abgelösten Zonen etwas kleiner.

6.7.3.2. Polyesterbeschichtete Systeme

Die Korrosionserscheinungen an polyesterbeschichteten Tiefungsproben unterscheiden sich erheblich von denjenigen an PVC-Folienbeschichtungen. Auch bei der Lagerung im Schwitzwasser (1000 Std.) zeigt sich schon bei einer relativ geringen Tiefung eine Rostbildung an Poren der Beschichtung (Abb. 76). Bei einer größeren Beultiefe, d.h. bei einer stärkeren Umformung kommt es zu einer Blasenbildung, dabei ist die Rostbildung unter den Blasen jedoch verhältnismäßg gering (Abb. 77).

Bei der kurzzeitigen Beanspruchung im aggressiven Salznebel

zeigt sich der Einfluß der vorangegangenen Umformung noch deutlicher. Während bei einer Beultiefe von 30 mm sich nur ein Rostbildung an Poren in der Beschichtung zeigt (Abb. 78), tritt bei der nächstgrößeren Beultiefe ein großflächiges Ablösen der Beschichtung ein. (Abb. 79).

6.7.4. Korrosionsprüfungen an tiefgezogenen Werkstücken

Mit den genannten Prüfungen im Schwitzwasser-Konstantklima und im Salzsprühnebel wurden im weiteren zylindrische Tiefziehteile untersucht. Damit wurde geprüft, wie eine Umformung unter Zug-Druck-Spannungen das Korrosionsschutzverhalten der Beschichtung verändert.

6.7.4.1. Folienbeschichtete Werkstücke

Zunächst wurden aus den folienbeschichteten Versuchswerkstoffen Werkstücke mit einem Ziehverhältnis von β_o = 1,6 und β_o = 2,35 hergestellt. Diese wurden mit einem Kreuzschnitt versehen und 1000 Stunden im Schwitzwasser-Konstantklima gelagert. Während bei den Versuchswerkstoffen 1 und 2 die Folie auch nach den Versuchen noch fest auf dem Grundwerkstoff haftete, so ließ sich die Folie beim Versuchswerkstoff 3 im Restflansch, und beim Ziehverhältnis β_o = 2,35 auch im oberen Bereich der Zarge entfernen. Abb. 80 zeigt Werkstücke mit dem Ziehverhältnis β_o = 2,35 nach dem Korrosionsversuch. Dabei muß jedoch berücksichtigt werden, daß das Ablösen der Folie beim Werkstoff 3 im wesentlichen auf die vorangegangene Umformung zurückzuführen ist. Schon unmittelbar nach dem Tiefziehen vor einer Lagerung im Korrosionsprüfschrank läßt sich von diesen Werkstücken in den stark umgeformten Zonen die Beschichtung abziehen. Das Ablösen der Folie wird durch die Lagerung im Schwitzwasser-Konstantklima jedoch verstärkt.

Werkstücke mit gleichem Ziehverhältnis wurden auch 168 Stunden im Salzsprühnebel gelagert. Bei Entnahme zeigte sich auch hier nur eine Rostbildung an den Schnitten sowie am ungeschützten Blechrand (Abb. 81). Jedoch läßt sich im Bereich der Schnitte sowie am Rand die Folie abziehen. Offenbar kommt es auch hier von den offenen Kanten her zu einem "Unterwandern" der Folie. Dabei ist die Größe der unterwanderten Zonen von der vorhergehenden Umformung abhängig, d.h. im Zargenbereich ist die abgelöste Zone bereits breiter. Abb. 82 zeigt Werkstücke mit dem Ziehverhältnis β_0= 1,6. An diesem Bild wie auch an Abb. 83 kann man erkennen, daß die Bereiche, in denen sich die Folie ablösen läßt, beim Werkstoff 3 am größten sind. Darüberhinaus ist bei diesen Prüfungen auch eine Differenzierung zwischen den Versuchswerkstoffen 1 und 2 möglich. Die Abbildungen zeigen, daß am Werkstoff 1 die abgelösten Zonen geringfügig kleiner sind als am Versuchswerkstoff 2.

Bei den Werkstücken mit dem großen Ziehverhältnis zeigen sich auch im Bodenbereich relativ breite abgelöste Zonen. Dies ist darauf zurückzuführen, daß hier eine deutliche Streckziehumformung im Bodenbereich stattgefunden hat. Diese Streckziehumformung tritt bei den Werkstücken mit kleinem Ziehverhältnis kaum auf.

Bei allen diesen Versuchen zeigte es sich, daß zwar die Haftung zwischen Folie und Grundwerkstoff verloren geht,jedoch tritt eine Rostbildung am Grundwerkstoff noch nicht auf. Offenbar bleibt die Verbindung Kleber-Blechwerkstoff erhalten, und der Kleber übt einen gewissen Korrosionsschutz aus.

Es wurde deshalb folgender Kontrollversuch durchgeführt. An vorbereiteten Platinen wurde die PVC-Beschichtung durch Quellen in Nitroverdünnung gelöst und dann vom Blechwerkstoff abgezogen. Ein Teil der Proben wurde so belassen, von dem anderen Teil wurde mittels organischer Lösungsmittel sowie mit einer Messingdrahtbürste der auf dem Blechwerkstoff verbliebene Kleber entfernt. Aus den Proben wurden sodann zylindrische Werkstücke gezogen. Diese Ziehteile wurden dann 1000 Stunden im Schwitzwasser-Konstantklima gelagert. Wie Abb. 84 zeigt, übt der Kleber auf der Blechoberfläche noch einen so großen Korrosionsschutz aus, daß das Ziehteil nur einen geringen Rostansatz zeigt. Das Werkstück von dem der Kleber entfernt wurde zeigt starke Korrosionserscheinungen. Damit wird deutlich, daß insbesondere bei einer Unterwanderung der Folienbeschichtung durch Wasser, auch der eigentlich nur als Haftvermittler dienende Kleber eine Korrosionsschutzfunktion erfüllt.

6.7.4.2. Polyesterbeschichtete Werkstücke

Aus dem polyesterbeschichteten Versuchswerkstoff Nr. 4 wurden in gleicher Weise wie aus den folienbeschichteten Werkstoffen zylindrische Tiefziehteile mit einem Durchmesser von 150 mm hergestellt. Werkstücke mit einem Ziehverhältnis von β_o= 1,6, β_o= 2,0, β_o= 2,25 und β_o= 2,4 wurden einer Korrosionsbeanspruchung im Schwitzwasser-Konstantklima und im Salzsprühnebel ausgesetzt.

Nach einer Lagerung von 1000 Stunden im Schwitzwasser-Konstantklima zeigten die Ziehteile mit einem Ziehverhältnis von β_o= 1,6 nur geringe Korrosionserscheinungen am Werkstückrand (Abb. 85). Dabei zeigt das obere Bild das Ziehteil wie es dem Prüfschrank entnommen wurde. Auf dem unteren Bild sind die losen Beschichtungsteile entfernt.

Schon bei der nächsten Ziehstufe (β_o= 2,0) sind die Zonen mit Korrosionsschäden wesentlich größer (Abb. 86). Hier ist erkennbar, daß die Korrosion nicht nur vom Werkstückrand ausgeht, sondern auch auf der Oberfläche setzt Korrosion ein. Bei einem Ziehverhältnis von β_o= 2,4 zeigt sich darüberhinaus, daß auch der auf dem Umfang infolge der planaren Anisotropie unterschiedliche Umformgrad einen Einfluß auf das Korrosionsschutzverhalten der Beschichtung hat. Der Umformgrad $\varphi^* = |\varphi_t| + |\varphi_r|$ ist unter 0° und 90° zur Walzrichtung größer als unter 45° bzw 135° zur Walzrichtung, so daß im Bereich der Zipfelbildung die Beanspruchung des Verbundes Blech-Kunststoff größer ist.
Abb. 87 zeigt deshalb auch, daß die Korrosionsschäden im Bereich der Zipfel (0° bzw. 90° WR) erheblich größer sind. Dabei ist der Versagensbeginn der Beschichtung schon wenige Stunden nach dem Einsatz in den Schwitzwasser-Korrosionsschrank zu beobachten. Die zunächst völlig glatte Beschichtung beginnt sich im Bereich der Zipfel aufzurauhen und in feinen Schuppen abzulösen. Auf den freien Oberflächen des Grundwerkstoffes setzt dann Rostbildung ein.

Prinzipiell das gleiche Verhalten zeigt sich bei der Korrosionsprüfung im Salzsprühnebel. Obwohl die Prüfdauer hier nur 168 Stunden beträgt, führt der aggressive Salznebel zu einer wesentlich stärkeren Rostbildung. Auch die Fläche, von der sich die Beschichtung ablöst, ist vergleichsweise größer (Abb. 88).

6.7.5. Halbquantitative Korrosionsprüfung

Korrosionsprüfungen an umgeformten Werkstücken zeigen, daß bei gleicher Prüfdauer zylindrische Tiefziehteile erst von einem bestimmten Ziehverhältnis an Korrosionsschäden aufweisen. Auch an Tiefungsproben zeigt sich ein ähnlicher Zusammenhang. Umgekehrt weisen Werkstücke mit gleichem Ziehverhältnis bzw. gleicher Beultiefe erst nach einer bestimmten Lagerungsdauer im Schwitzwasser-Prüfschrank die ersten Korrosionserscheinungen auf, jedoch ist eine Übertragung der Prüfergebnisse nur auf ähnlich beanspruchte Werkstücke möglich.

Um jedoch für den jeweiligen Werkstoff eine allgemeingültigere Aussage zu machen, wurden Korrosionsprüfungen an kleineren Segmenten durchgeführt, die auf der ganzen Fläche einen etwa gleichen Umformgrad aufweisen.

6.7.5.1. Untersuchungen an Zugproben

Relativ unproblematisch ist die Prüfung von Zugproben. Diese weisen innerhalb der Meßlänge eine einheitliche Umformung auf, die durch rückseitig aufgebrachte Kreise bestimmt werden kann. Es wurden zunächst unterschiedliche stark gedehnte Zugproben hergestellt und die Schnittkanten durch sorgfältiges Abdecken mit einer Kunststoffmasse geschützt, um ein Unterwandern vom Rand her zu vermeiden. Der Umformgrad lag zwischen $\varphi^* = 0$ und $\varphi^* \approx 0{,}4$. Es wurden Serien zusammengestellt, die den gesamten Umformbereich umfaßten. Jede Serie wurde dann für einen bestimmten Zeitraum im Korrosionsprüfschrank gelagert und anschließend beurteilt. Als Beurteilungskriterium wurde in diesem Fall die Blasenbildung gewählt. Die Beanspruchungsdauer betrug im Schwitzwasser-Konstantklima bis 1000 Stunden und im Salzsprühnebel bis 480 Stunden.

Dabei zeigte sich für den gesamten Umformbereich bis zu $\varphi^* \approx 0{,}4$ im Schwitzwasser-Konstantklima auch bei einer Einlagerung von 1000 Stunden noch keine Blasenbildung.

Im Salzsprühnebel trat schon nach 72 Stunden bei Umformgraden $\varphi^* \approx 0{,}3$ ein Versagen ein. Nach 168 Stunden zeigten lediglich die unverformten Proben keine Blasenbildung, doch nach 190 Stunden traten auch an diesen die ersten Schäden auf. In Abb. 89 sind diese Zusammenhänge graphisch dargestellt.

6.7.5.2. Untersuchungen an streckgezogenen Proben

Für diese Untersuchungen wurden aus dem Kuppenbereich von hydraulischen Tiefungsproben kreisrunde Elemente mit einem Durchmesser von 40 mm herausgestanzt. Die Schnittkanten wurden in gleicher Weise wie die Zugproben geschützt und der Umformgrad wieder durch die rückseitigen Kreismarkierungen bestimmt.

Während nach 96 Stunden noch alle Proben ohne Schäden waren, ließen sich nach 312 Stunden an der Prüflingen mit einem Umformgrad $\varphi^* \geq 0{,}45$ bereits Blasenbildungen erkennen. Mit zunehmender Prüfdauer verschiebt sich diese Schadensgrenze in den Bereich kleiner Umformgrade. An dem Ende der Prüfung nach 1000 Stunden lag sie bei $\varphi^* \approx 0{,}25$ (Abb. 90).

Um sicherzustellen, daß am Ende der Salznebelprüfung auch an den nicht umgeformten Proben Korrosionsschäden vorhanden sind, wurde die Prüfdauer auf 480 Stunden festgelegt. Die Zeitpunkte der Probenentnahmen wurden über diesen Zeitraum verteilt.

Im Salzsprühnebel zeigte sich bereits bei der ersten Zwischenprüfung nach 24 Stunden an den Proben mit einem Umformgrad $\varphi^* > 0{,}45$ eine Blasenbildung. Die Schadensgrenze fällt jedoch steil ab und nach 190 Stunden Prüfdauer treten auch an unverformten Proben Schäden auf (Abb. 91). Aufgrund dieser Erkenntnisse sollte in zukünftigen Untersuchungen zunächst durch Vorprüfungen mit nicht umgeformten Proben die maximal notwendige Prüfdauer bestimmt werden. Die vorhandenen Probenserien müssen dann nur über diesen Zeitraum verteilt werden und die Diagramme lassen sich damit qualitativ verbessern.

6.7.5.3. Untersuchungen an tiefgezogenen Proben

Diese Proben mit einem Durchmesser von 40 mm wurden aus dem Restflansch zylindrischer Tiefziehteile entnommen. Der Umformgrad dieser Proben ist zwar nicht konstant, da sie jedoch aus dem Randbereich relativ großer Ronden herausgeschnitten sind, ist der Unterschied kleiner als 20 %.

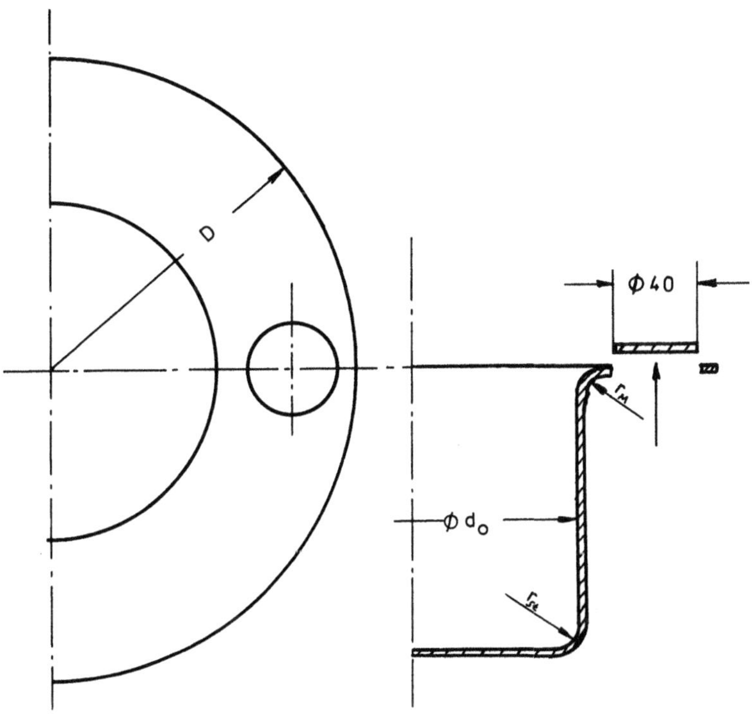

Zudem wurde nur der innere 20 mm große Bereich der Proben für die Auswertung herangezogen in dem auch der Umformgrad gemessen wurde. In Abb. 92 ist der Verlauf der Schadensgrenze beim Test im Schwitzwasser-Konstantklima dargestellt. Bei der zweiten Zwischenprüfung nach ca. 300 Stunden zeigen sich lediglich bei den am stärksten umgeformten Proben ($\varphi^* \approx 0{,}7$) die ersten Schäden. Mit zunehmender Prüfdauer sinkt die Schadengrenze bis auf $\varphi \approx 0{,}35$ ab.

Im Salzsprühnebel verschiebt sich die Schadensgrenze wieder in den Bereich niedriger Umformgrade (Abb. 93).

6.7.5.4. Vergleich der halbquantitativen Korrosionsprüfungen

Die Korrosionstestreihen im Schwitzwasser-Konstantklima zeigen, daß bei gleichem Umformgrad φ^* an tiefgezogenen Proben ein besseres Korrosionsschutzverhalten der Beschichtung auftritt als an den streckgezogenen Proben. Das gleiche gilt für die Prüfungen im Salzsprühnebel. Das Verhalten der Zugproben liegt hier zwischen den tiefgezogenen und den streckgezogenen Proben. Die gleichen Ergebnisse wären auch bei Schwitzwassertests zu erwarten, jedoch lassen sich im Zugversuch die entsprechenden Umformgrade nicht erreichen.

Bei einem Vergleich der beiden unterschiedlichen Korrosionsbeanspruchungen zeigt der Schwitzwassertest eine bessere Differenzierung und auch die Reproduzierbarkeit ist bei stärker umgeformten Proben besser. Nachteilig ist die relativ lange Versuchsdauer von 6 Wochen, wobei auch nach diesem Zeitraum an Proben mit geringem Umformgrad noch keine Blasenbildung eintritt, so daß nicht gesagt werden kann, wann auch an nicht umgeformten Proben Korrosionsschäden auftreten.

Für die Prüfung im Salzsprühnebel spricht die sehr kurze Versuchsdauer. Nach etwa 200 Stunden versagen bei dem untersuchten Werkstoff schon unverformte Bleche. Um die Zwischenbeurteilungen zeitlich festzulegen, muß dieses Versuchsende möglichst durch Vorversuche ermittelt werden.

6.7.6. Zusammenfassung der Korrosionsuntersuchungen

Es hat sich gezeigt, daß sich die Werkstoffe mit relativ dicker Folienbeschichtung hinsichtlich des Korrosionsverhaltens stark von dem dünnbeschichteten Werkstoff unterscheiden. Bei einer Beschichtung mit einer PVC-Folie erfolgt auf der unbeschädigten Fläche keine Korrosion des Stahlbleches, obwohl insbesondere der Salzsprühnebel ein sehr aggressives Medium ist. Ein Unterwandern der Folie erfolgt ausschließlich von den offenen Schnittkanten bzw. von Beschädigungen der Beschichtung her. Dabei sind die unterwanderten Zonen um so größer, je stärker der Werkstoff vorher umgeformt wurde.

An dem polyesterbeschichteten Werkstoff erfolgt eine Korrosion durch flächenhaften Angriff. Ist der Werkstoff vorher nicht, oder nur gering umgeformt worden,so erfolgt ein Ablösen der Beschichtung durch Blasenbildung. Nach starken Umformungen reißt die Beschichtung im Korrosionsprüfschrank schuppenartig auf und am dadurch ungeschützten Blechwerkstoff setzt eine Rostbildung ein.

Die Ergebnisse der Korrosionsprüfungen und die Untersuchungen hinsichtlich Oberflächenrauheit, Glanzgrad und Haftfestigkeit zeigten übereinstimmend, daß Umformungen unter Zug-Druck-Spannungen am besten ertragen werden. Im einachsigen Zugversuch treten schon stärkere Veränderungen der Verbundwerkstoffeigenschaften auf und die Umformung unter zweiachsigen Zugspannungen erweist sich als die Ungünstigste.

7. Zusammenfassung

Beim Tiefziehen von Feinblechen kann es sich als sehr wirtschaftlich erweisen, eine nachträgliche Stücklackierung durch den Einsatz eines vorbeschichteten Halbzeuges zu ersetzen. Es stehen heute eine Vielzahl von Systemen zur Verfügung und es ist notwendig, für jeden speziellen Einsatzzweck den besten und kostengünstigsten Werkstoff auszuwählen.

Während Prüfungen an nicht umgeformten Materialien schon weitgehend durchgeführt werden und damit die Eigenschaften im unverformten Zustand bekannt sind, ist noch weitgehend unbekannt, in welcher Weise die Eigenschaften des Verbundwerkstoffes durch einen Umformvorgang verändert werden. Im Rahmen der vorliegenden Arbeit sind für einige spezielle Werkstoffe Zusammenhänge zwischen Umformung und Eigenschaftsänderungen aufgezeigt worden.

Um Aussagen über das Umformverhalten kunststoffbeschichteter Stahlbleche zu erhalten, müssen die Eigenschaften der Komponenten Stahl und Beschichtung bekannt sein und darüberhinaus das Verhalten des Verbundes. Es wurden deshalb zunächst im Zugversuch die wichtigsten Eigenschaften des Trägerwerkstoffes, wie Zugfestigkeit, Kaltverfestigungsverhalten und Anisotropie ermittelt. Die Eigenschaften der Beschichtung wurden durch Kenngrößen wie Glanzgrad, Rauheit und Dicke beschrieben. Darüberhinaus wurde der Verbund auf sein Verhalten hinsichtlich Haftung und Korrosionsschutz geprüft.

Die durchgeführten Tiefziehversuche haben gezeigt, daß beim Einsatz kunststoffbeschichteter Bleche spezielle Eigenschaften des verwendeten Werkstoffes beachtet werden müssen. So weist z.B. die Kunststoffbeschichtung ein anderes Reibverhalten auf als ein unbeschichtetes Stahlblech, deshalb treten bei einer Tiefziehumformung andere Spannungen und eine andere Spannungsverteilung auf.
Die Tiefziehuntersuchungen sind im wesentlichen darauf beschränkt worden, zylindrische Werkstücke im Erstzug zu fertigen. Ergänzende Untersuchungen an Werkstücken mit quadratischem Querschnitt liefern bei erheblich größerem versuchstechnischen Aufwand keine zusätzlichen Aussagen hinsichtlich der Verbundwerkstoffeigenschaften und sind deshalb nur in beschränktem Umfang durchgeführt worden.
Aufgrund der durchgeführten Versuche lassen sich für die Praxis folgende umformtechnische Hinweise geben. Bei den gleichen Blechwerkstoffen erhöhen sich durch Beschichten die erreichbaren Grenzziehverhältnisse um 10 bis 20 %, bzw. bei gleichen Ziehverhältnissen liegen die Tiefziehkräfte bei Coil-Coating-Werkstoffen bis zu 10 % niedriger, dabei ist der relative Anteil von der Größe der Ziehteile abhängig.
Der Ziehradius an der Matrize muß möglichst groß gewählt werden, um die zusätzliche Beanspruchung des Verbundes durch die Biegung möglichst gering zu halten. Es muß jedoch beachtet werden, daß die verminderte Reibung die "Zusammensetzung" der Umformspannungen verändert und dadurch insbesondere an dünnen Blechen sich die Gefahr einer Faltenbildung 2. Ordnung erhöht. Diese beiden gegensätzlichen Forderungen müssen sorgfältig aufeinander abgestimmt werden. Der bezogene Ziehspalt muß insbesondere bei großen Ziehverhältnissen verhältnismäßig groß gewählt werden, um ein Abstrecken am oberen Ziehteilrand und eine damit verbundene Beschädigung der Beschichtung zuverlässig zu vermeiden. Es ist zu berücksichtigen, daß sich dadurch die Abweichung der Istkontur von der Sollkontur erhöht.

Bei höheren Ziehgeschwindigkeiten kann während des Tiefziehens nur wenig Wärme vom Werkstück in das Werkzeug abgeführt werden. Es kommt zu Temperaturerhöhungen die insbesondere bei thermoplastischen Beschichtungen zur Beschädigung beim Tiefziehen führen.
Auch die Oberfläche der Beschichtung hinsichtlich Glanz und Rauhigkeit wird durch eine Umformung verändert. Mit steigendem Umformgrad erhöhen sich die Kennwerte der Oberflächenrauheit und der Glanzgrad fällt ab. Für die Größe der Änderung ist neben dem Umformgrad die Zusammensetzung der Umformspannungen von erheblicher Bedeutung. Eine Oberflächenvergrößerung durch zweiachsige Zugspannungen führt zu stärkeren Veränderungen als eine Umformung unter Zug-Druckspannungen bei der die Größe der Oberfläche nur gering erhöht wird.
Auch das Korrosionsschutzverhalten der Beschichtung wird durch eine Umformung verändert. Dabei unterscheidet sich das Verhalten der dicken PVC-Folienbeschichtung sehr stark von der dünnen Polyesterbeschichtung. An PVC-folienbeschichteten, umgeformten Werkstoffen tritt Korrosion des Trägerwerkstoffes ausschließlich durch Unterwandern der Folie von den ungeschützten Schnittkanten bzw. von mechanischen Beschädigungen der Folie her ein. Bei Dünnbeschichtungen erfolgt darüberhinaus ein flächenhafter korrosiver Angriff.

8. Ausblick auf die weitere Entwicklung im Bereich der Verarbeitung von Coil-Coating-Werkstoffen

Die Entwicklung der Produktionszahlen für die Bundesrepublik zeigen, daß die Herstellung von kunststoffbeschichtetem Stahlblech von 16 Mill. m^2 im Jahre 1970 auf 28 Mill. m^2 im Jahre 1976 gestiegen ist. Dies entspricht einer Steigerung um 75 %. Fand zu Beginn der größte Teil der CC-Werkstoffe im Baubereich Verwendung, so geht heute bereits 1/3 der Produktion in den Nicht-Baubereich,vor allem in die Branchen Automobilbau und Zubehör-Industrie, Nutzfahrzeugbau, Schienenfahrzeuge, Container, Haushaltsgeräte, Schildertechnik, Apparatebau, Möbelindustrie, u.a..Dieser Bereich läßt einen relativ stärkeren Anstieg erwarten und liegt in den USA bereits bei 50 % der Coil-Coating-Stahlbleche. Bei den kunststoffbeschichteten

Aluminiumblechen liegt der relative Anteil noch höher.

Der Einsatz kunststoffbeschichteter Bleche im Nicht-Baubereich macht häufig eine relativ große Umformung des Werkstoffes erforderlich. Die technologischen Kenntnisse hinsichtlich seiner optimalen Umformung sowie die Veränderung des Verbundwerkstoffes durch die Umformung sind noch nicht sehr umfassend. Aus den gewonnenen Erkenntnissen sind - soweit möglich - Hinweise für die Praxis abgeleitet worden. Es ist jedoch deutlich geworden, daß weitere systematische Arbeiten notwendig sind. Hierbei sind auf der einen Seite neue Beschichtungssysteme von besonderem Interesse. Es sei hier nur auf die Zinkstaublackierungen hingewiesen, für die insbesondere der Kraftfahrzeugbau einen großen Einsatzbereich bietet. Andererseits können auch neuere Technologien die Verwendung beschichteter Bleche insbesondere im Tiefziehbereich erheblich erweitern.

Bei vielen Werkstücken ist es nicht möglich, mit konventionellen starren Werkzeugen die Endform in einer Tiefziehoperation zu fertigen. Weiterzüge sind aber bei kunststoffbeschichteten Werkstoffen oft problematisch, da örtlich hohe Flächenpressungen auftreten, die zu Beschädigungen führen. Auch für die Fertigung rechteckiger und unregelmäßiger Werkstücke, bei deren Fertigung in den Tiefziehwerkzeugen Ziehwülste und Ziehstäbe angeordnet sind, ist häufig der Einsatz kunststoffbeschichteter Bleche nur mit Einschränkungen möglich. Mit Sonderverfahren, wie z.B. dem hydromechanischen Tiefziehen, können jedoch auch derartige Werkstücke aus Coil-Coating-Material gefertigt werden.

Die vorliegende Arbeit sollte dazu beitragen, die wesentlichen technologischen und prüftechnischen Probleme aufzuzeigen, einige Hinweise für Lösungen und Lösungsmöglichkeiten zu geben und damit als Grundlage für weitere systematische Untersuchungen zu dienen.

Es ist bereits auf das hydromechanische Tiefziehverfahren hingewiesen worden, das heute bereits bei der Herstellung komplizierter Werkstückformen aus Feinblech vielfach angewandt wird. Es sei hier nur erwähnt, daß zahlreiche Blechteile für Haushaltsgeräte

Reflektoren von Scheinwerfern und Abdeckhauben von Maschinen durch hydromechanisches Tiefziehen umgeformt werden. Dieses Verfahren hat sich insbesondere bei der Fertigung unregelmäßig, konisch oder parabolisch geformter Ziehteile bewährt. Viele dieser Teile können durch Tiefziehen mit starren Werkzeugen nicht gefertigt werden. Für andere Teile ist dies Verfahren wirtschaftlicher als das Tiefziehen mit starren Werkzeugen in mehreren aufeinanderfolgenden Ziehvorgängen unter Einsatz mehrerer Werkzeugsätze. Die Formgebung bei diesem Verfahren erfolgt im wesentlichen durch ein Wirkmedium. An scharfen Ecken und Kanten des Werkzeuges erfolgt keine Relativbewegung zwischen Blech und Werkzeug, deshalb ist dieses Verfahren besonders gut geeignet, kunststoffbeschichtete Bleche umzuformen, ohne die empfindliche Oberfläche zu beschädigen. Im Rahmen einer weiterführenden Forschungsarbeit wird am Lehrstuhl für Umformende Fertigungsverfahren der Universität Dortmund daran gearbeitet, dieses Verfahren zu verbessern und Richtlinien für die Werkzeugausbildung zu erstellen, um damit dem Coil-Coating-Werkstoff neue Einsatzgebiete zu erschließen.

Auch bei der Verarbeitung von kunststoffbeschichtetem Halbzeug für den Einsatz im Baubereich bestehen noch zahlreiche fertigungstechnische Probleme. Insbesondere die Rißbildung beim Walzprofilieren feuerverzinkter, bandbeschichteter Bleche wird deshalb in einer weiteren Forschungsarbeit untersucht. Die Ursachen dieser Rißbildung sollen ermittelt und daraus Hinweise zu deren Vermeidung gegeben werden.

9. Schrifttum

[1] Baumann, K.: Verfahren zur Bestimmung der Gasdurchlässigkeit von Anstrichen
Plaste und Kautschuk, 19 (1972) 7, S. 534-537

[2] Baumann, K.: Über die Sauerstoffdurchlässigkeit von Anstrichfilmen
Plaste und Kautschuk, 19 (1972) 9, S. 694-698

[3] Beer, F.: Neue Kennwerte für den Erichsen-Tiefungsversuch
Materialprüfung 14 (1972) 1, S. 15-17

[4] Beer, F.: Weiterentwicklung der Geräte für den Erichsen-Tiefungsversuch
Teil I: Ein verbessertes Tiefungsgerät
Materialprüfung 17 (1975) 4, S. 94-96

[5] Berger, W.: Probleme der Haftfestigkeitsmessung nach der Abreißmethode
Farbe und Lack 74 (1968) 10, S. 967-970

[6] Beuscher, H.;Kohtz, D.: Schweißen von Verbundblechen mit selbsthaftender Zwischenschicht
DFBO - Mitteilungen Düsseldorf 18 (1967) 3/4, S. 24-25

[7] Blümel, K.; Wabersich, E.: Biegen kunststoffbeschichteter und aluminierter Feinbleche mit elastischen Werkzeugen
DFBO-Mitt. 23 (1972) 12, S. 238-246

[8] Brockmann, W.: Über Haftvorgänge beim Metallkleben
Adhäsion (1969) 9, S. 335 - 342
und (1969) 11, S. 448 - 460

[9] Brockmann, W.: Das Kleben kunststoffbeschichteter Bleche
DFBO-Mitt. 21 (1970) 6, S. 109-116

[9] Brockmann, W.: Wärmearme Fügeverfahren für kunststoffbeschichtete Bleche
DFBO-Mitt. 22 (1971) 3, S. 53-56

[10] Brockmann, W.: Probleme bei der Folienbeschichtung von Blech und der Qualitätsprüfung des Verbundes
DFBO-Mitt. 22 (1971) 8, S. 150-161

[11] Brockmann, W.: Probleme bei der Messung von Adhäsionsvorgängen
Farbe und Lack 79 (1973)3, S. 213-221

[12] Brockmann, W.: Adhäsive Verbindungen zwischen Kunststoffen und Metallen
DFBO-Mitt. 25 (1974) 8, S. 139-148

[13] Brushwell, W.: Breitbandbeschichtung von Metallen (Coil-Coating)
Farbe und Lack 8o (1974) 7, S. 639-642

[14] Burg, E.: Eigenschaften und Verhalten von kunststoffbeschichtetem Bandmaterial
TZ f. prakt. Metallbearb. 69 (1975) 1, S. 17-18

[15] Bursa, J.: Die Herstellung von Kunststoffbeschichtungen auf Zieh- und Tiefziehblechen und deren Prüfung
Die Technik 24 (1969) 7, S. 452-459

[16] Bursa, J.: Kunststoffbeschichtungen auf Blechen und Metallrohren
Plaste und Kautschuk 22 (1975) 7, S. 580-583

[17] Czepluch, W.: Aufbau eines Reflektometers nach Norm-Entwurf DIN 67530 und Berechnung von Reflektometerwerten für Glasstandards
Farbe und Lack 78 (1972) 7, S. 619-622

[18] Dannenmann, E.: Der Einfluß der Werkzeuggeometrie und Werkstückwerkstoff auf die makrogeometrischen Eigenschaften von tiefgezogenen,kreiszylindrischen Näpfen
DFBO-Mitt. 24 (1973) 8, S. 137-141

[19] Dannenmann, E.: Die Veränderung der Oberflächenbeschaffenheit beim Tiefziehen von Näpfen
Ind.-Anz. 91 (1969) 93, S. 2253-2254

[20] Demmel, H.: Die geometrischen Rauheitsmeßgrößen, ihr gegenseitiger Vergleich und ihre Beziehung zu photometrischen Kenngrößen
Dr.-Ing. Diss. (1972) Braunschweig

[21] Dingel, S.: Kunststoffbeschichtetes Band und Blech
Techn. Mitt. Krupp-Werksberichte 32 (1974) 2, S. 83-86

[22] Drews, P.: Fügen von kunststoffbeschichteten Blechen durch Schweißen
DFBO-Mitt. 22 (1971) 3, S. 57-60

[23] van Elderen, G.H.J.; Dingel, S.: Abfalleimer aus kunststoffbeschichtetem Blech
DFBO-Mitt. 25 (1974) 3, S. 51-53

[24] Falkenburg, G.: Bandbeschichtete Bleche und Bänder
DFBO-Mitt. 20 (1969) 3, S. 57-63
20 (1969) 4, S. 83

[25] Fink, H.; Prassler, G.: Molekularstruktur und Haftfestigkeit organischer Schutzschichten
Plaste und Kautschuk 19 (1972) 4, S. 298-300

[26] Fischer, F.; Klein, F.: Verformbarkeit organisch beschichteter Bänder
DFBO-Mitt. 22 (1971) 3, S. 61-63

[27] Flohr, S.; Angrabeit, H; Kirchhoff, D:
Profilierbarkeit von beschichtetem Metallband
Fertigungstechnik und Betrieb 25 (1975) 12, S. 744-747

[28] Frank, G.: Prüfverfahren für organisch beschichtete Bleche und Bänder
Blech 20 (1973) 9, S. 393-394

[29] Graz, I; Göllner, J.; Niebuhr, M.:
Bestimmung der Haftfestigkeit organischer Schichten
Fertigungstechnik und Betrieb 24 (1974) 3,
S. 176-179

[30] Gerdes, T.: Kfz-Tankverschlüsse aus kunststoffbeschichtetem Feinblech
Vortrag auf der 1. Deutschen ECCA-Fachtagung,
24.3.1977, Düsseldorf

[31] Göllner, J.; Garz, I.: Bestimmung der Haftfestigkeit von Wirbelsinterschichten nach der Abreißmethode
Plaste und Kautschuk 22 (1975) 10, S. 827-829

[32] Gologranc, F.: Beitrag zur Ermittlung von Fließkurven im kontinuierlichen hydraulischen Tiefungsversuch
Bericht Nr. 31, (1975), IFU Stuttgart

[33] Grabner, M.; Arnold, M.: Kontinuierliche Beschichtung von Bandstahl mit Lack und Organsol
Neue Hütte 19 (1974) 6, S. 369-370

[34] Hacke, H.-H.: Coil coating
Fachber. f. Oberflächentechn. 10 (1972) 3, S. 80-82

[35] Haferkamp, H.; Buhmann, K.-P.: Beitrag zur Theorie, Technologie und Prüfung des Verbunds Kunststoff/Metall
Konstruktion 26 (1974) 4, S. 129-137

[36] Hartmann, J.W.: Probleme der Glanzmessung bei Anstrichstoffen
Farbe und Lack 66 (1960) 4, S. 190-195

[37] Hartmann, J.W.: Wahl einer geeigneten lichtelektrischen Methode zur Glanzmessung an Anstrichoberflächen
Farbe und Lack 66 (1960) 5, S. 268-272

[38] Haussühl, H.; Hamann, K.: Eine neue Methode zur Messung des Glanzes
Farbe und Lack 64 (1958) 12, S. 642-649

[39] Hecker, J.; Klehm, R.: Kunststoffbeschichtetes Feinblech im Nutzfahrzeugbau
Vortrag auf der 1. Deutschen ECCA Fachtagung, 24.3.1977, Düsseldorf

[40] Hegazy, A.: Untersuchung über das Tiefziehen quadratischer und rechteckiger zylindrischer Teile im Anschlag
Dr.-Ing. Diss (1973) Berlin

[41] Hoffman, K.; Kosbahn, Th.: Ein Goniophotometer zur Glanzmessung
Farbe und Lack 72 (1966) 2, S. 119-127

[42] Horkay, F.; Tálas-Rohonczi, E.; Stráner, Gy.: Neues Verfahren zur Beurteilung der Witterungsbeständigkeit und der Qualität von Anstrichen
Plaste und Kautschuk 20 (1973) 7, S. 538-540

[43] Jangg, G.; Spund, W.: Beitrag zur Glanzmessung
Farbe und Lack 62 (1956) 9, S. 418-421

[44] Jost, H.: Beschichtungen mit PTFE-Folien
Fertigungstechnik und Betrieb 23 (1973) 1, S. 48-49

[45] Junkers, D.: Untersuchung der Haftfestigkeit von folienkaschierten Feinblechen unter besonderer Berücksichtigung betrieblicher Umformbedingungen
Fortschr.-Ber. VDI-Z. Reihe 1 Nr. 38 (1975)

[46] Junkers, D.: Untersuchungen der Haftfestigkeit von folienkaschierten Feinblechen unter besonderer Berücksichtigung betrieblicher Umformbedingungen
VDI-Zeitschr. 117 (1975) 12, S. 578

[47] Kirchmann, H.: Die Weiterverarbeitung vorbeschichteter Bleche und Bänder aus Stahl oder Aluminium
DFBO-Mitt. 21 (1970) 6, S. 116-120

[48] Kirchmann, H.: Neue Wege der Konstruktion und Weiterverarbeitung vorbeschichteter Bleche aus Stahl oder Aluminium
DFBO-Mitt. 22 (1971) 11, S. 236-243

[49] Kirchmann, H.: Tischplatten und Tische aus beschichtetem Stahlblech
Fachber. Oberflächentechnik 10 (1972) 5, S. 19o-193

[50] Kirchmann, H.: Gehäuselose Möbel
DFBO-Mitt. 23 (1972) 10, S. 192-197

[51] Kirchmann, H.: Kalkulation von Produkten aus kunststoffbeschichteten Blechen
DFBO-Mitt. 23 (1972) 12, S. 252-259

[52] Kleine, H.J.: Kunststoffbeschichteter Stahl in der Innenarchitektur
DFBO-Mitt. 23 (1972) 11, S. 216-224

[53] Klema, Dr. Fr.: Kunststoffbeschichteter Stahl
Seifen, Öle, Fette 93 (1967) 12, S. 397-398

[54] Klotzki, A.: Ziehen und Tiefziehen von feuerverzinktem sowie kunststoffbeschichtetem Stahlblech
Bänder Bleche Rohre 12 (1971) 3, S. 119-121

[55] Klotzki, A.: Auswahl und Behandlung kunststoffbeschichteter Bleche
DFBO-Mitt. 23 (1972) 12, S. 247-251

[56] Koch, W.A.: Wetterbeständigkeit verschiedener Bindemittel für Coil-Coating
Farbe und Lack 80 (1974) 12, S. 1139-1145

[57] Köhler, J.; Arnold, K.-H.: Vorbehandlung von Bandstahl auf schnellaufenden Anlagen
Neue Hütte 19 (1974) 6, S. 361-363

[58] Kosbahn, Th.: Beitrag zur Praxis der Glanzmessung
Farbe und Lack 70 (1964) 9, S. 693-702

[59] Kosmowski, A.: Fortschritte beim radiometrischen Messen von Band- und Schichtdicken
Blech 20 (1973) 5, S. 177-179

[60] Kostić, L.: Coil-coating - ein vorteilhaftes Beschichtungsverfahren
Aluminium 51 (1975) 3, S. 259-261

[61] Krämer, W.: Untersuchung von Schmiermitteln für das Tiefziehen
Ind.-Anz. 86 (1964) 101, S. 2167-2170

[62] Kresse, P.: Untersuchungen über den Mechanismus der Blasenbildung
Farbe und Lack 72 (1966) 12, S. 1179-1190

[63] Kretschmer, G.: Gesichtspunkte für die Wahl des Schmiermittels beim Tiefziehen
Werkstattstechnik 56 (1966) 6, S. 281-283

[64] Kretschmer, G.: Einfluß der Schmierstoffe beim Tiefziehen
Werkstattstechnik 60 (1970) 2, S. 71-73

[65] Krüger, H.: Prüfverfahren zur Charakterisierung der Werkstoffeigenschaften von oberflächenveredeltem Bandstahl
Neue Hütte 19 (1974) 6, S. 374-376

[66] Krüger, W.; Kummich, H.: Stand und perspektivische Entwicklung der Kunststoffbeschichtung in der DDR sowie Probleme des effektiven Einsatzes von bandbeschichtetem Material
Neue Hütte 19 (1974) 6, S. 357-361

[67] Kubitz, H.: Zur Herstellung und Anwendung kunststoffbeschichteter Bleche
Bänder Bleche Rohre 13 (1972) 6, S. 283-289

[68] Kümmerling, K.: Stahlmöbel vom kunststoffbeschichteten Blechband
DFBO-Mitt. 25 (1974) 3, S. 47-50

[69] Kukla, J.: Über die elektronenmikroskopische Untersuchung vielschichtiger Anstrichsysteme
Plaste und Kautschuk 20 (1973) 9, S. 707-709

[70] Kumpfe, W.: Einbrennlackierungen oder Kunststoffbeschichtungen von Metallbändern
Blech 13 (1966) 1, S. 28-35

[71] Ladstädter, E.: Ein neues vielseitiges Goniophotometer zur Bestimmung optischer Eigenschaften von Überzügen
Farbe und Lack 81 (1975) 9, S. 806-812

[72] Lawrenz, K.-J.: Tiefziehen kunststoffbesichteter Bleche und Prüfung der Werkstücke
Ind.-Anz. 97 (1975) 98, S. 2082-2083

[73] Lawrenz, K.-J.: Untersuchungen über das Tiefziehen kunststoffbeschichteter Stahlbleche
Ind.-Anz. 99 (1977) 29 , S. 515-516

[74] Lichthardt, U.; Peltz, G.: Ein Gerät zur Messung des Glanzvermögens
Farbe und Lack 76 (1970) S. 256-262

[75] Marx, J.: Die CORROPHOBINE-Polymerschmierstoffe für die Kaltformgebung von Metallen
Mülheim (Ruhr)-Styrum: R.W. Moll u. Co. (1971) 28 S.

[76] Meckelburg, E.: Herstellung und Anwendung kunststoffbeschichteter Bänder und Bleche aus Stahl
Blech 19 (1972) 2, S. 53-56

[77] Meckelburg, E.: Korrosion - einmal näher betrachtet
Fachber. für Oberflächentechnik 10 (1972) 4, S. 130-136

[78] Menges, G.; Schneider W.: Schutzverhalten und komplexer Widerstand polymerer Oberflächenschutzschichten
DFBO-Mitt. 24 (1973) 4, S. 60-63

[79] Menges, G.; Schneider, W.: Quantitative Kriterien für die Auswahl duroplastischer Korrosionsschutzsysteme
DFBO-Mitt. 23 (1973) 10, S. 183-192

[80] Menges, G.; Stoll, F.: Haftung und Versagen organischer Oberflächen-Schutzschichten
Farbe und Lack 81 (1975) 3, S. 204-209

[81] Menzer, M.: Über die Mechanik des Tiefziehens von Kesselböden
Dr.-Ing. Diss. (1975) Clausthal

[82] Merz, O.; Randel, U.: Rundversuch mit dem Spiegelglanzmesser nach Randel
Farbe und Lack 70 (1964) 8, S. 600-602

[83] Meuthen, B.: Kunststoffbeschichten von Stahl
Stahl und Eisen 86 (1966) Nr. 12, S. 730-739
und Nr. 14 S. 915-919

[84] Meuthen, B.: Stand des Einsatzes und der Verarbeitung kunststoffbeschichteter Stahlbleche
DFBO-Mitt. 18 (1967) 23/24, S. 226-233

[85] Meuthen, B.; Zwach, H.: Kunststoffbeschichtete und lackierte Bleche und Bänder - Qualitätsanforderungen und Prüfverfahren
DFBO-Mitt. 22 (1971) 3, S. 41-48

[86] Meuthen, B.; Zoephel, Chr. C.: Stand der Normung von Prüfverfahren bei organisch vorbeschichteten Metallblechen
Fachberichte für Oberflächentechnik 10 (1972) 5, S. 184-186

[87] Meuthen, B.: Stand des "coil-coating" in Westeuropa
Metall 26 (1972) 6, S. 628-631

[88] Meuthen, B.: Probleme der Luftreinhaltung aus der Sicht der "coil-coating" Industrie
Fachber. für Oberflächentechnik 10 (1972) 7, S. 231-235

[89] Meuthen, B.: Kunststoffbeschichtetes Stahlblech als Baustoff
Blech 20 (1973) 5, S. 181-184

[90] Meuthen, B.: Probleme der Luftreinhaltung aus der Sicht der Coil-coating-Industrie
Farbe und Lack 80 (1974) 6, S. 500-505

[91] Nagel, H.-G.: Schneiden von plastbeschichtetem Stahlfeinblech
Fertigungstechnik und Betrieb 23 (1973) 4, S. 227-229

[92] Nagel, H.-G.: Umformen von plastbeschichtetem Stahlfeinblech
Fertigungstechnik und Betrieb 23 (1973) 6, S. 361-364

[93] Nagel, H.-G.: Schneiden und Umformen von Bandstahl mit organischen Schutzschichten
Neue Hütte 19 (1974) 6, S. 371-374

[94] Neubauer, A.; Eichhorn, A.; Fischer , U.: Untersuchung der Ziehverhältnisse beim Tiefziehen plastbeschichteter Stahlfeinbleche
Fertigungstechn. u. Betrieb 25 (1975) 1, S. 24-26

[95] Oehler, G.: Bericht über das Forschungsvorhaben "Hydromechanisches Tiefziehen kunststoffbeschichteter Bleche"
Bericht der Deutschen Forschungsgesellschaft für Blechverarbeitung und Oberflächenbehandlung e.V., Düsseldorf 1974

[96] Oehler, G.: Schneiden und Umformen kunststoffbeschichteter Stahlbleche
DFBO-Mitt. 25 (1974) 4, S. 73-75

[97] Oehler, G.: Tiefziehen kunststoffbeschichteter Bleche
Werkstattstechnik 66 (1976) S. 621-625

[98] Panknin, W.: Die Grundlagen des Tiefziehens im Anschlag unter besonderer Berücksichtigung der Tiefziehprüfung
(I) Bänder Bleche Rohre (1961) 4, S. 133-143
(II) Bänder Bleche Rohre (1961) 5, S. 201-211
(III) Bänder Bleche Rohre (1961) 6, S. 264-271

[99] Peters, W.: Erfahrungen mit einer neuen Methode zur Prüfung der Haftfestigkeit von Anstrichfilmen
Plaste und Kautschuk 21 (1974) 7, S. 540-543

[100] Pitter, J.; Masařik, V.: Erfahrungen mit der Rasterelektronenmikroskopie bei der Untersuchung von organischen Überzügen und Oberflächen von Anstrichträgern
Plaste u. Kautschuk 20 (1973) 12, S. 938-939

[101] Plog, H.: Bestimmung der Haftfähigkeit von Überzügen
Galvanotechnik 61 (1970) 2, S. 155-166

[102] Plog, H.: Überblick über Methoden zur Bestimmung des Haftvermögens von Überzügen
Jahrbuch Oberflächentechnik 26 (1970) S. 382-387

[103] Potente, H.; Stoll, F.: Untersuchung zur Korrosionsschutzwirkung von Coil-Coating-Überzügen mit Hilfe der Impedanzmessung
Farbe und Lack 81 (1975) 8, S. 701-704

[104] Reihle, M.: Ein einfaches Verfahren zur Aufnahme der Fließkurve von Stahl bei Raumtemperatur
Archiv für das Eisenhüttenwesen 32 (1961) 5, S. 331-336

[105] Reihle, M.: Verfahren zur Ermittlung der Fließkurve von Stahl aus der Gleichmaßdehnung und der Zugfestigkeit
Blech 8 (1961) 11, S. 828-833

[106] Ruff, W.: Stahlblech-Kurzzeit-Korrosionsprüfungen in 5% NaCl und künstlichem Meerwasser mit kolormetrischen Fe-Bestimmungen im Elektrolyten
Metalloberfläche/Angew. Elektrochemie 25 (1971) 11, S. 394-396

[107] Ruhsland, K.: Erfahrungen beim Kleben oberflächenveredelter Werkstoffe
Plaste u. Kautschuk 19 (1972) 8, S. 604-606

[108] Sadowski, F.H.J.: Die Problematik der Haftung von Anstrichfilmen
Fachber. für Oberflächentechnik 10 (1972) 2, S. 61-67

[109] Siebel, E.: Der Niederhalterdruck beim Tiefziehen
Stahl und Eisen 74 (1954) 3, S. 155-158

[110] Silmann, H.: Herstellungsverfahren und Anwendungsmöglichkeiten von beschichtetem Blech und Blechband
Bänder Bleche Rohre 17 (1976) 8, S. 315-318

[111] Schlegel, H.: Stand und Grenzen theoretischer Betrachtungen zur Haftung bei Klebverbindungen
Plaste u. Kautschuk 20 (1973) 6, S. 420-423

[112] Schleinitz, H.: Formgebende Verarbeitung kunststoffbeschichteter Bleche
VDI-Zeitschrift 113 (1971) 5, S. 391-396

[113] Schott, H.-K.: Plastische Verformung und Stabilität beim hydraulischen Tiefungsversuch
Dr.-Ing. Diss. (1973) Braunschweig

[114] Schuster, G.: Beschichtungsstoffe und ihre Charakteristiken
DFBO-Mitt. 18 (1967) 23/24, S. 221-226

[115] Springmann, K.: Die Messung der Oberflächenrauheit mit Tastschnittgeräten
Dr.-Ing. Diss. (1967) Hannover

[116] Starke, M.; Vohland, K.; Wroblowski, M.: Untersuchung der Haftfestigkeit dünner organischer Polymerschichten
Plaste u. Kautschuk 22 (1975) 10, S. 799-800

[117] Stoye, D.: Beschichtung von Blechen durch Lackierung und andere Verfahren - Eigenschaften u. Prüfung
Materialprüfung 15 (1973) 12, S. 410-413

[118] Thormeyer, J.; Mehnert, H.: PVC-w-folienbeschichteter Bandstahl - Fertigung und Qualitätseigenschaften
Neue Hütte 19 (1974) 6, S. 371

[119] Toussaint, A.: Über die mechanischen Eigenschaften hochvernetzter Anstrichfilme
Farbe und Lack 76 (1970) 9, S. 872-884

[120] Veiel, U.: Ein registrierendes Goniophometer
Farbe und Lack 73 (1967) 8, S. 743-749

[121] Walter, A.H.: Physikalisch-chemische Aspekte der Haftfestigkeit von Anstrichfilmen
Plaste und Kautschuk 17 (1970) 8, S. 600-605

[122] Weber, G.: Fertigung von Teilen aus kunststoffbeschichteten Blechen in allen Arbeitsgängen
DFBO-Mitt. 23 (1972) 1, S. 225-231

[123] Weisbrod, K.; Winckler, W.: Probleme bei der Entwicklung und Herstellung eines geeigneten Plastisols für die Beschichtung von Bandstahl
Neue Hütte 19 (1974) 6, S. 365-368

[124] Werk, L.; Sandner, A.: Anforderungen an die Oberfläche und die Geometrie des für die Bandstahlbeschichtung eingesetzten Trägermaterials
Neue Hütte 19 (1974) 6, S. 363-365

[125] Zorll, U.: Die Messung der Haftfestigkeit von Anstrichfilmen auf metallischen Untergründen
Adhäsion (1969) 2, S. 58-62

[126] Zorll, U.; Klinke, E.: Untersuchungen über die Haftfestigkeit von Lackfilmen auf metallischen und nichtmetallischen Substraten
Farbe und Lack 77 (1971) 2, S. 125-135

[127] Zorll, U.: Untersuchungen über die Anwendungsbereiche von Glanzmeßsystemen
Farbe und Lack 79 (1973) 3, S. 191-201

[128] Zorll, U.: Vergleichende Untersuchungen über die Anwendungsbereiche verschiedener Glanzmeßsysteme
DFBO-Mitt. 24 (1973) 9, S. 166-172

[129] Zorll, U.: Abgrenzung der Anwendungsbereiche von Glanzmeßsystemen auf visueller Bewertungsgrundlage
DFBO-Mitt. 24 (1973) 11, S. 194-200

[130] Zorll, U.: Möglichkeiten der Glanzbestimmung bei gekrümmten und strukturierten Oberflächen
Bänder Bleche Rohre 16 (1975) 1, S. 22-26

[131] Zorll, U.: Untersuchungen über Deformation und Rißbildung an Lackschichten bei stoßartiger Belastung
Farbe und Lack 81 (1975) 6, S. 505-509

[132] Zorll, U.: Verformungsmechanische Untersuchungen an lufttrocknenden und eingebrannten Lackschichten
DFBO-Mitt. 22 (1971) 1, S. 14-19

[133] Zorll, U.: Lacke in Nachverbrennungsluft einbrennen
Bänder Bleche Rohre 17 (1976) 11, S. 455-459

[134] Weimann, W.; Rausch, W.: Das Zusammenwirken von Blechoberfläche, chemischer Oberflächenbehandlung und organischer Beschichtung beim Korrosionsschutz beschichteter Bleche
Stahl und Eisen 95 (1975) 16, S. 750-758

[135] Köhler, G.; Osterburg, U.: Einfluß der Geometrie des Ziehteils auf das Grenzziehverhältnis im Anschlag
Fertigungstechnik und Betrieb 23 (1973) 10, S. 596-599

[136] Boes, Dr. P.J.M.: Das Tiefziehen nichtrunder Teile
Ind.-Anz. 90 (1968) 27, S. 31-33

[137] Gentsch, G.: Das Tiefziehen quadratischer und rechteckiger Werkstücke
Ind.-Anz. 90 (1968) 55, S. 18-22

[138] Noricyn, I.A.; Šechter, V.Ja.; Coj, D.: Ausbildung von Bremswülsten in Werkzeugen für formschwierige Tiefziehteile
Übersetzung aus:
Kuznecno-stampovocnoe Proizvodstvo (1971) 3, S. 18-20

[139] Scipunov, G.I.; D'jackov, V.D.; Buldakov, V.I.: Kinematik des Flansches beim Tiefziehen kastenförmiger Teile
Übersetzung aus:
Kuznecno-stampovocnoe Proizvodstov (1971) 12, S. 18-20

[140] Panknin, W.; Dutschke, W.: Die Gesetzmäßigkeiten beim Tiefziehen runder, quadratischer, rechteckiger und elliptischer Teile im Anschlag
DFBO-Mitt. (1959) 23, S. 13-23

[141] Hasek, V.: Versuchswerkzeug zum Bestimmen unterschiedlicher Einflüsse auf den Tiefziehvorgang
Ind.-Anz. 99 (1977) 29, S. 517-518

[142] Lange, K.: Lehrbuch der Umformtechnik
Band 3 Blechumformung
Springer-Verlag (1975) Berlin

[143] Handbuch für die spanlose Formgebung
4. Aufl. hrsg. von der L. Schuler AG, Göppingen 1964

[144] Kienzle, O.: Die Rauhleiter, eine umgeformte Probe mit gleichmäßig zunehmender freier Rauhung
Werkstattstechnik 56 (1966) 11, S. 542-545

[145] Reihle, M.: Einfluß der Korngröße auf die Oberflächenfeingestalt von Tiefziehteilen
DFBO-Mitt. 12 (1961) 12/13, S. 141-150

[146] Kienzle, O.; Mietzner, K.: Untersuchungen über die mirkogeometrischen Veränderungen der Oberflächen beim kalten Umformen
Forschungsbericht Nr. 812 des Wirtschafts- und Verkehrsministeriums NRW, Opladen 1960

[147] Graf/Henning/Stange: Formeln und Tabellen der mathematischen Statistik
Springer Verlag, Berlin/Heidelberg/New York, 1966

[148] Machu, W.: Die chemische Vorbehandlung von verzinkten Blechen und Bändern vor dem Lackieren und Beschichten mit Kunststoffen
DFBO-Mitt. 22 (1971) 2, S. 21-27

10. B I L D A N H A N G

Versuchswerkstoff Nr. 1

RR St 1405 (überdressiert) s_0 = 0,88 mm
PVC-Folie halbhart, weiß, ledergeprägt, 245 µm
Rückseite Polyester-Schutzlackierung, grau, 7 µm

Versuchswerkstoff Nr. 2

RR St 1405 s_0 = 0,88 mm
PVC-Folie halbhart, weiß, ledergeprägt, 245 µm
Rückseite Polyester-Schutzlackierung, grau, 7 µm

Versuchswerkstoff Nr. 3

RR St 1403 s_0 = 0,88 mm
PVC-Folie halbhart, schwarz, ledergeprägt, 245 µm
Rückseite Polyester-Schutzlackierung, grau, 7 µm

Versuchswerkstoff Nr. 4

St 1403 s_0 = 0,61 mm
Polyesterbeschichtung, weiß, 20 µm + Schutzfolie 80 µm
Rückseite Polyesterbeschichtung, weiß, 20 µm

Abb. 1 Versuchswerkstoffe

	Probenlage zur Walzrichtung [°]	Versuchswerkstoff 1 [5 Versuche]		Versuchswerkstoff 2 [5 Versuche]		Versuchswerkstoff 3 [5 Versuche]		Versuchswerkstoff 4 [5 Versuche]	
		RR St 1405	Standardabw. [%]	RR St 1405	Standardabw. [%]	RR St 1403	Standardabw. [%]	St 1403	Standardabw. [%]
Blechdicke s_0 [mm]		0,88		0,88		0,88		0,61	
Beschichtung		PVC-Folie 245 µm/ Lack 7µm		PVC-Folie 245µm / Lack 7µm		PVC-Folie 245µm / Lack 7µm		Polyester 20 µm beidseitig	
σ_B [N/mm²]	0	325	1,8	316	2,3	356	0,9	353	4,6
	90	340	1,0	326	2,1	357	1,3	351	0,5
	45	354	1,5	341	1,5	368	1,3	371	2,1
$\overline{\sigma}_B$		343		331		362		362	
δ_{80} [%]	0	35,3	5,2	41,3	4,6	42,3	2,4	43,5	3,1
	90	36,4	3,8	39,4	2,3	41,3	2,8	41,3	2,6
	45	32,4	2,4	37,0	5,2	37,6	2,0	37,2	4,7
$\overline{\delta}_{80}$		34,1		38,7		39,7		39,8	

Abb. 2 Zugfestigkeit und Bruchdehnung der Versuchswerkstoffe

	Probenlage zur Walzrichtung [°]	Versuchswerkstoff 1 [5 Versuche]		Versuchswerkstoff 2 [5 Versuche]		Versuchswerkstoff 3 [5 Versuche]		Versuchswerkstoff 4 [5 Versuche]	
		RR St1405	Standardabw. [%]	RR St1405	Standardabw. [%]	RR St1403	Standardabw. [%]	St 1403	Standardabw. [%]
Verfestigungsexponent n	0	0,215	6,2	0,253	8,8	0,249	6,6	0,293	2,2
	90	0,203	4,2	0,245	1,7	0,212	3,7	0,279	7,0
	45	0,161	6,4	0,241	7,3	0,210	3,9	0,232	6,6
n_m		0,185		0,246		0,220		0,259	
Fließkurvenkonstante a [N/mm^2]	0	558	0,8	585	3,7	654	1,9	656	5,7
	90	577	1,0	587	2,5	613	1,8	649	2,3
	45	557	1,7	601	3,0	630	2,1	658	2,6
a_m		562		594		632		655	
Fließkurve $k_f = a \cdot \varphi^n$ [N/mm^2]	0	$k_f = 558 \cdot \varphi^{0,215}$		$k_f = 585 \cdot \varphi^{0,253}$		$k_f = 654 \cdot \varphi^{0,249}$		$k_f = 656 \cdot \varphi^{0,293}$	
	90	$k_f = 577 \cdot \varphi^{0,203}$		$k_f = 587 \cdot \varphi^{0,245}$		$k_f = 613 \cdot \varphi^{0,212}$		$k_f = 649 \cdot \varphi^{0,279}$	
	45	$k_f = 557 \cdot \varphi^{0,161}$		$k_f = 601 \cdot \varphi^{0,241}$		$k_f = 630 \cdot \varphi^{0,210}$		$k_f = 658 \cdot \varphi^{0,232}$	
		$\bar{k}_f = 562 \cdot \varphi^{0,185}$		$\bar{k}_f = 594 \cdot \varphi^{0,246}$		$\bar{k}_f = 632 \cdot \varphi^{0,220}$		$\bar{k}_f = 655 \cdot \varphi^{0,259}$	

Abb. 3 a-Werte und n-Werte der Versuchswerkstoffe

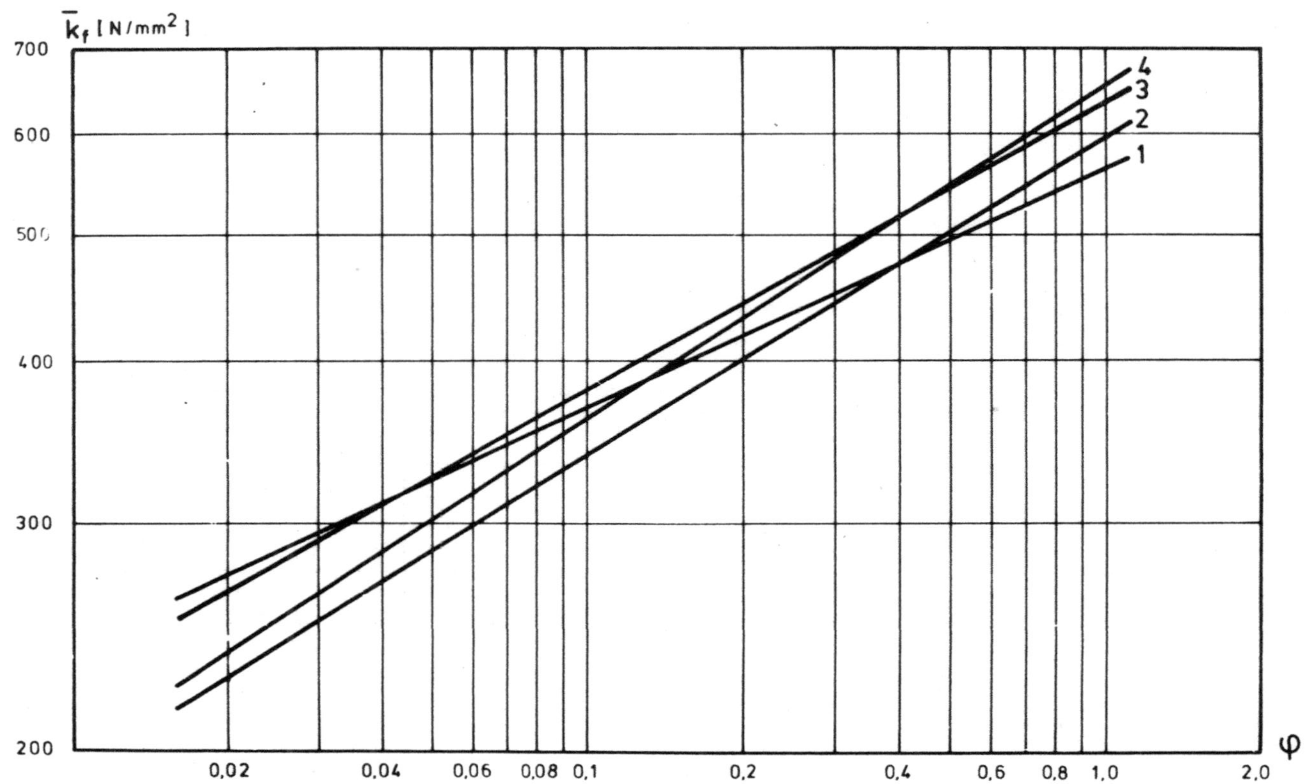

Abb. 4 Fließkurven der Versuchswerkstoffe Nr. 1 bis Nr. 4 (vergl. Abb. 3)

	Probenlage zur Walzrichtung [°]	Versuchswerkstoff 1		Versuchswerkstoff 2		Versuchswerkstoff 3		Versuchswerkstoff 4	
		RR St1405	Standardabw. [%]	RR St1405	Standardabw. [%]	RR St1403	Standardabw. [%]	St1403	Standardabw. [%]
senkrechte Anisotropie r	0	1,83	4,8	1,42	3,6	1,66	3,5	1,70	5,5
	90	2,22	5,9	1,78	7,1	1,84	2,9	1,75	4,9
	45	1,63	4,6	1,13	3,2	1,20	1,9	1,17	4,9
r_m		1,83		1,37		1,47		1,45	
planare Anisotropie Δr		0,39		0,49		0,55		0,56	

Abb. 5 Tabellarische Darstellung der Anisotropiewerte

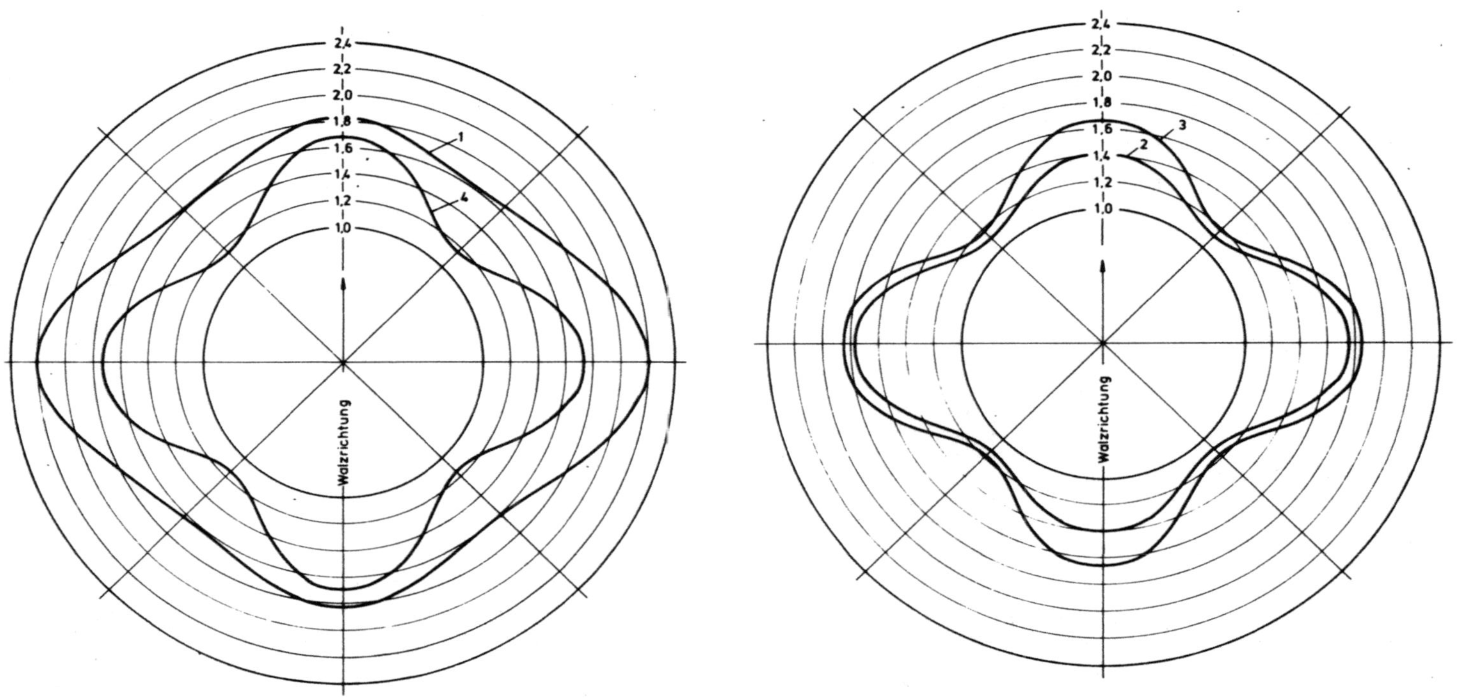

Abb. 6 Verteilung der Anisotropie der Versuchswerkstoffe Nr. 1 bis Nr. 4

(vergl. Abb. 5)

Abb. 7 Erichsen-Blechprüfmaschine (Modell 142-20)

Versuchswerkstoff	1 RRSt1405	2 RRSt1405	3 RRSt1403	4 St 1403
Erichsentiefung [mm]	10,3	11,3	11,3	11,2
Standardabweichung (5 Meßwerte) [%]	1,7	0,6	0,7	0,4
maximale Ziehkraft [kN]	16,4	16,9	16,1	10,9
Standardabweichung (5 Meßwerte) [%]	1,3	1,2	3,2	0,9

Abb. 8 Ergebnisse der Erichsen-Tiefungsversuche

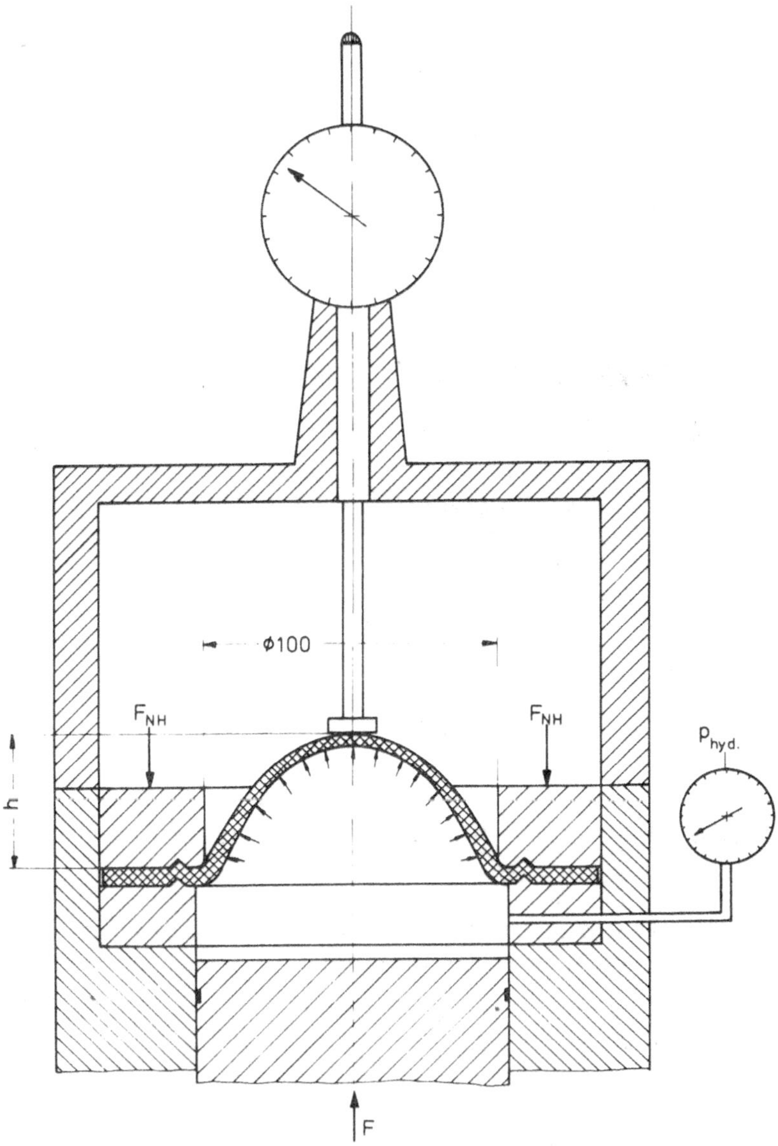

Abb. 9 Vorrichtung für den hydraulischen Tiefungsversuch

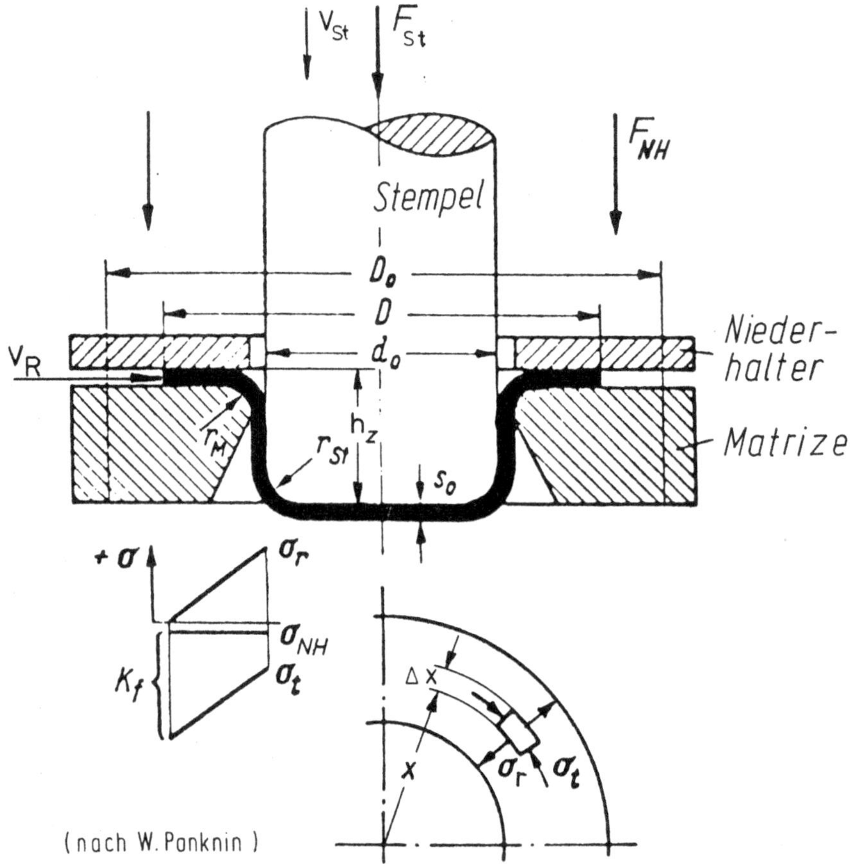

Abb. 10 Werkzeuganordnung und Spannungsverteilung beim Tiefziehen im Anschlag

Versuchswerkstoff	1 RR St1405	2 RR St 1405	3 RR St1403	4 St 1403
hydraulische Tiefung [mm]	34,8	36,6	36,4	36,1
Standardabweichung (5 Meßwerte) [%]	3,0	5,3	4,4	0,4
maximaler Druck [bar]	117,3	118,7	113,2	77,3
Standardabweichung (5 Meßwerte) [%]	1,0	1,3	1,8	1,6

Abb. 11 Ergebnisse des hydraulischen Tiefungsversuches

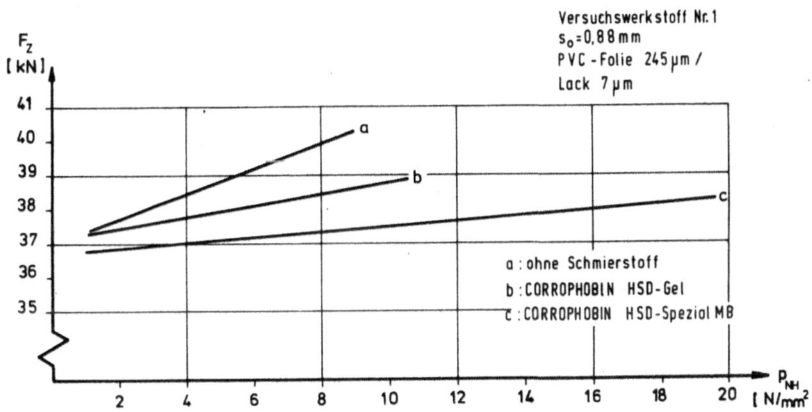

Abb. 12 **Abhängigkeit der maximalen Ziehkraft vom Niederhalterdruck für unterschiedliche Schmiermittel beim Tiefziehen von Näpfchen**

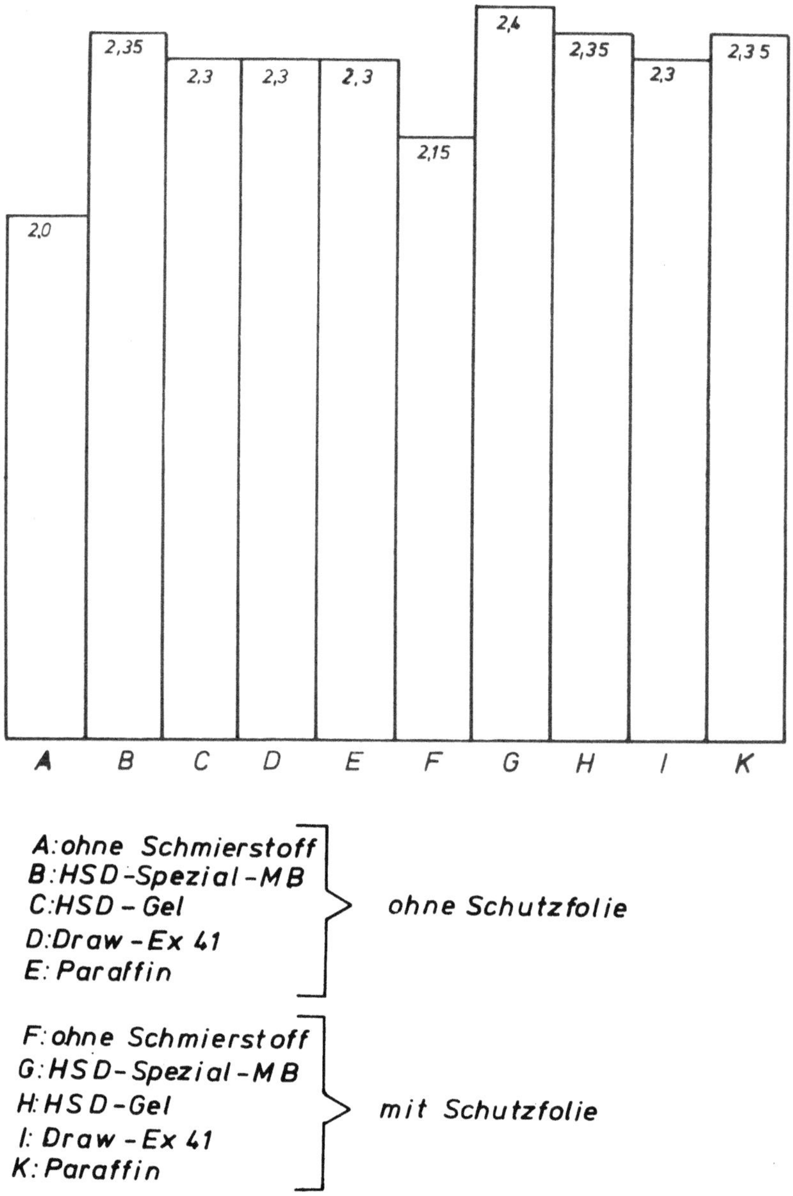

Abb. 13 Einfluß des Schmierstoffes auf das Grenzziehverhältnis beim Tiefziehen von Näpfchen aus dem Versuchswerkstoff Nr. 4

Abb. 14 Einfluß des Schmierstoffes auf die Form der Bodenreißer beim Tiefziehen von Näpfchen aus dem Versuchswerkstoff Nr. 4

Abb. 15 Schäden an der Beschichtung von Werkstücken aus polyesterbeschichtetem Feinblech (Versuchswerkstoff Nr. 4)

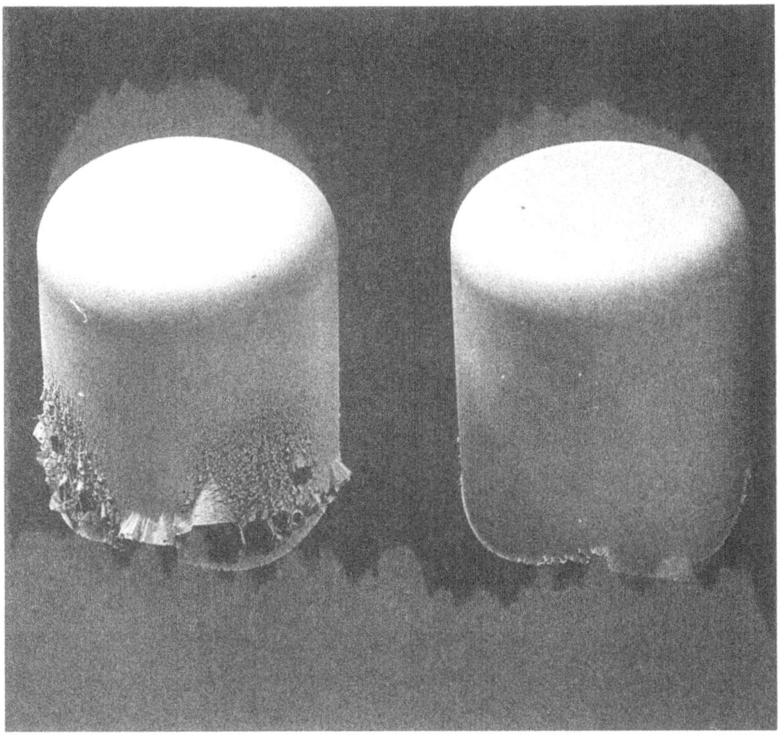

Abb. 16 Einfluß des Schmiermittels auf den Schädigungsgrad beim Tiefziehen von Werkstücken aus polyesterbeschichtetem Feinblech (Versuchswerkstoff Nr. 4)

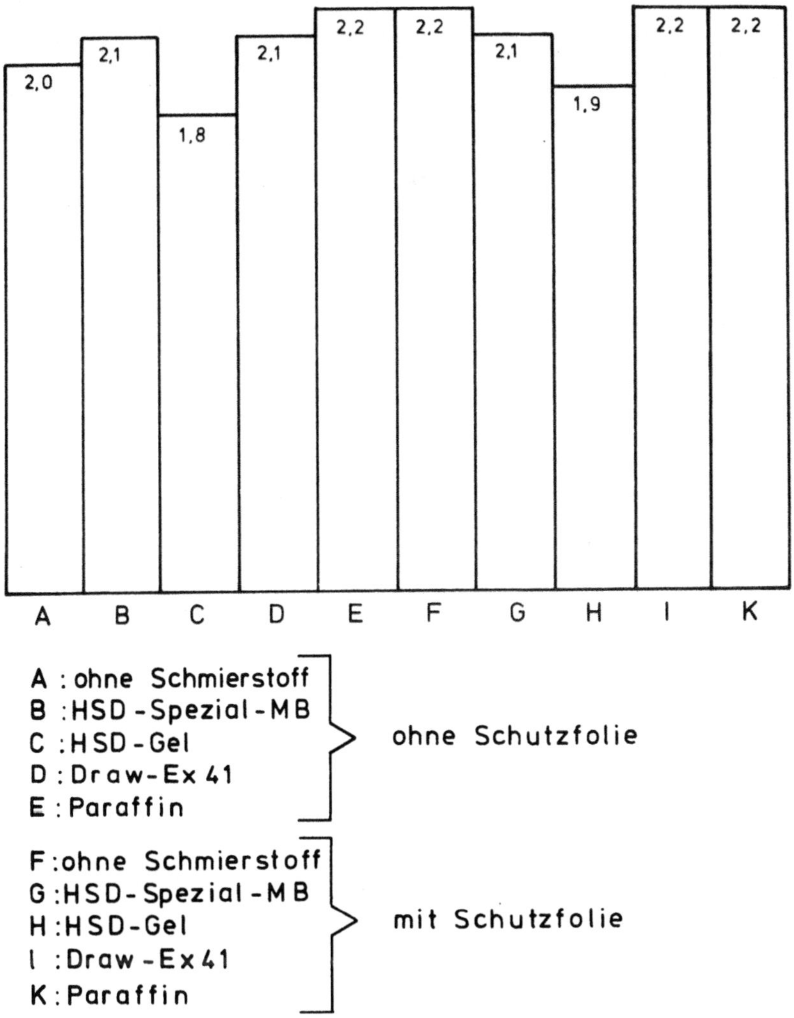

Abb. 17 Maximales Ziehverhältnis ohne Schäden an der Beschichtung beim Tiefziehen von Näpfchen aus dem Versuchswerkstoff Nr. 4

Abb. 18 Dreifachwirkende hydraulische Tiefziehpresse (Süddeutsche Maschinenbau-Gesellschaft Modell HZPUI 260/160-1000/1000)

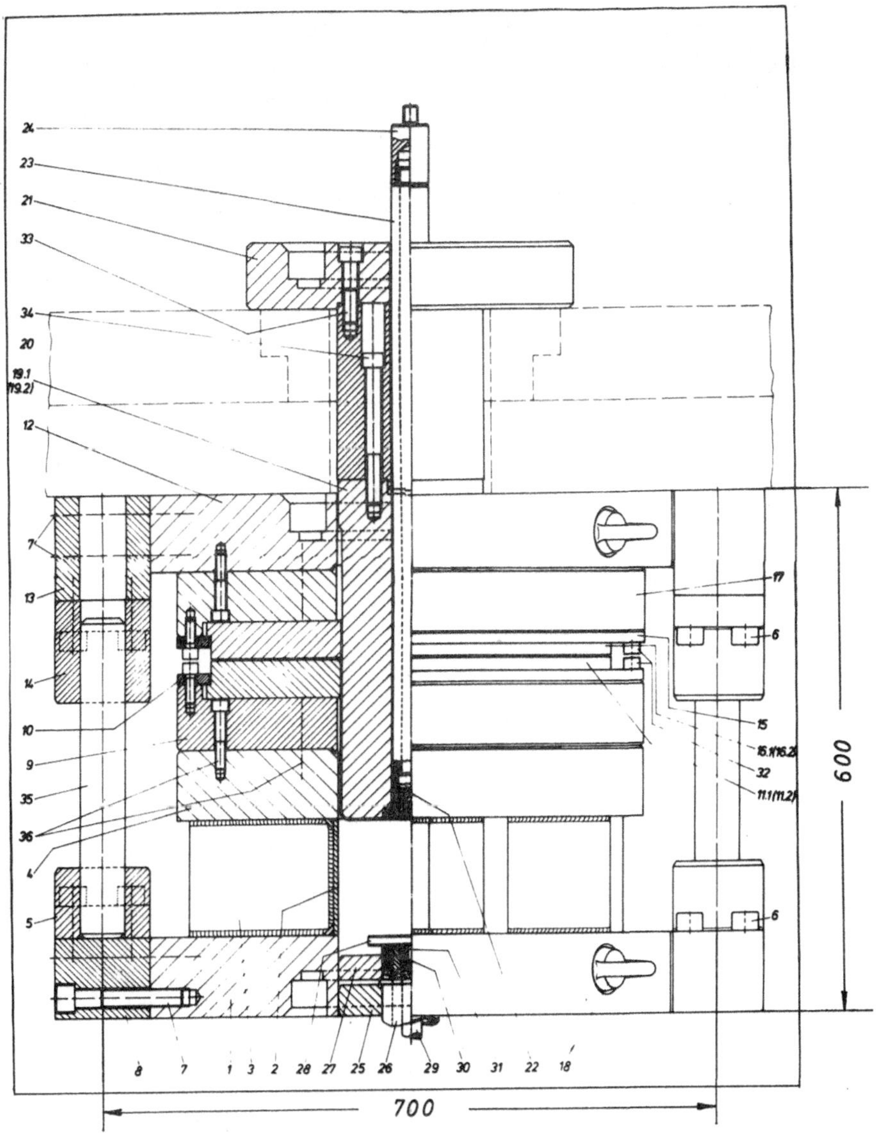

Abb. 19 Tiefziehwerkzeug zum Einsatz auf der hydraulischen Presse (vergl. Abb. 18)
Pos. 19.1 : Ziehstempel (d_o = 150 mm)

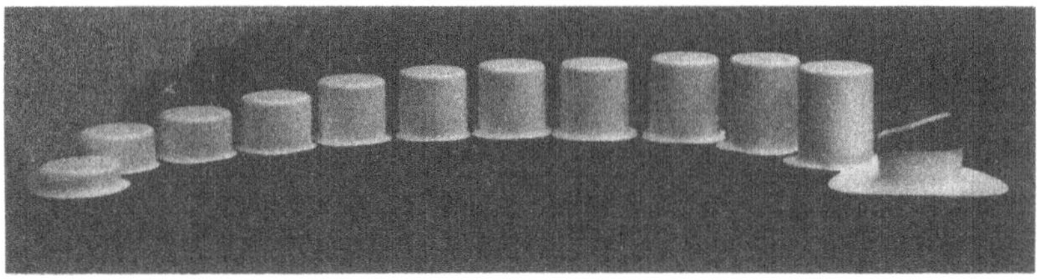

Abb. 20 Versuchsreihe zur Bestimmung der Grenzziehverhältnisse

Werkzeugparameter \ Versuchswerkstoff	1 RR St 1405	2 RR St 1405	3 RR St 1403
r_M = 10 mm r_{St} = 10 mm	2,53	2,43	2,44
r_M = 15 mm r_{St} = 10 mm	2,51	2,44	2,44
r_M = 10 mm r_{St} = 5 mm	2,58	2,43	2,45

s_o = 0,88 mm   Stempel - Ø 150 mm

Schmierstoff : Corrophobin HSD - Spezial MB

r_M = Matrizenradius r_{St} = Stempelradius

Abb. 21 Versuchsreihen zur Bestimmung des Grenzziehverhältnisses in Abhängigkeit von den Werkzeugparametern Matrizenradius und Stempelradius

Abb. 22 Versuchsaufbau an einer Exzenterpresse
(L. Schuler Modell PDr 63/250)

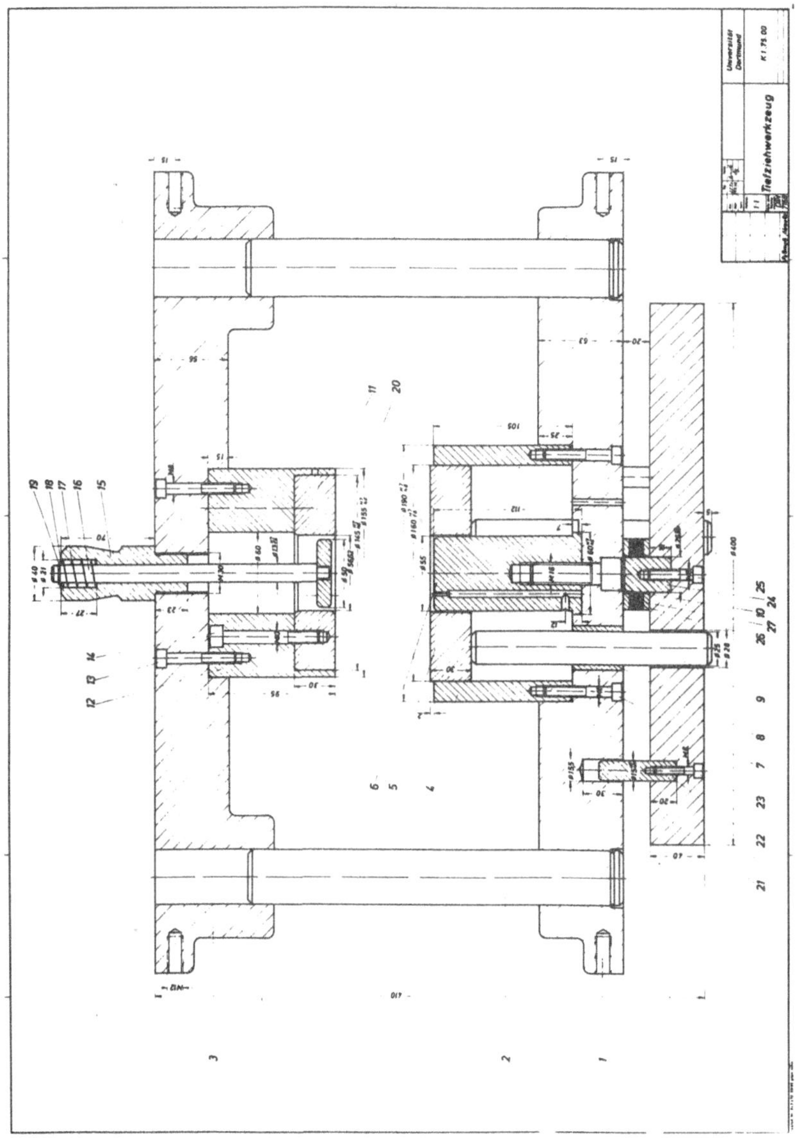

Abb. 23 Tiefziehwerkzeug zum Einsatz auf der Exzenterpresse (vergl. Abb. 22)
Pos. 6 : Ziehstempel (d_o = 55 mm)

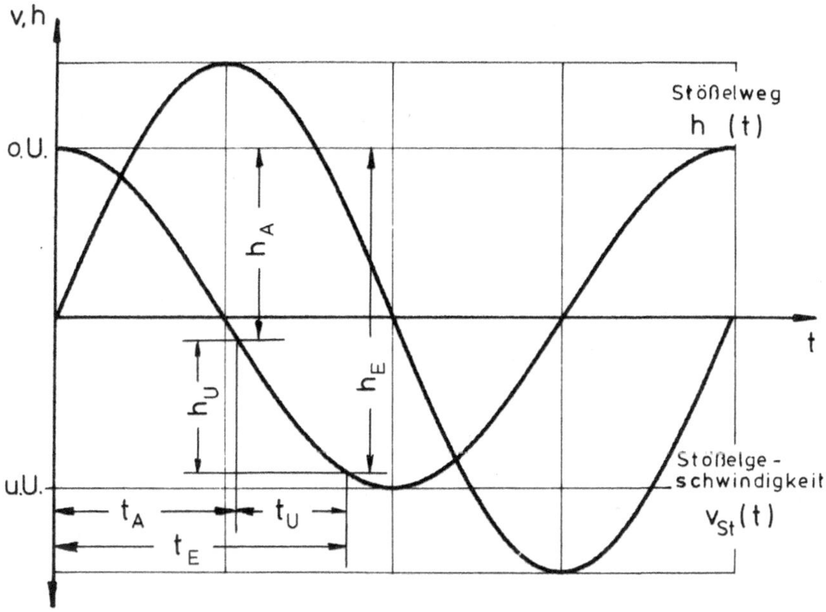

Abb. 24 Weg-Zeit-Verlauf bzw. Geschwindigkeits-Zeit-Verlauf beim Tiefziehen unter Einsatz einer Exzenterpresse

Versuchsreihe	t_A [s]	t_E [s]	t_U [s]	$\overline{v_{St}}$ [mm/s]	v_{RA} [mm/s]	$\varphi_{t max}$	$\overline{\dot{\varphi}_t}$ [1/s]
1	0,184	0,272	0,088	537	292	-0,693	11,14
2	0,204	0,300	0,096	486	265	-0,693	9,85
3	0,232	0,342	0,110	427	232	-0,693	8,75
4	0,266	0,392	0,126	372	203	-0,693	7,61
5	0,312	0,460	0,149	315	173	-0,693	6,46

Abb. 25 Tabelle: Erhöhung der Ziehgeschwindigkeit bei konstantem Ziehverhältnis beim Tiefziehen unter Einsatz der Exzenterpresse

Versuchsreihe	β_o	t_A [s]	t_E [s]	t_U [s]	$\overline{v}_{St}$ [mm/s]	v_R [mm/s]	$\varphi_{t_{max}}$	$\overline{\dot{\varphi}}_t$ [1/s]
1	1,55	0,183	0,213	0,030	379	247	-0,4353	7,09
2	1,64	0,183	0,256	0,073	362	233	-0,4925	8,68
3	1,72	0,183	0,273	0,090	351	221	-0,5465	8,18
4	1,82	0,183	0,294	0,111	335	210	-0,5978	7,65
5	1,91	0,212	0,335	0,123	341	202	-0,6466	7,35
6	2,0	0,240	0,380	0,140	315	179	-0,6931	6,98

Abb. 26 Tabelle: Erhöhung des Ziehverhältnisses bei hohen Umformgeschwindigkeiten unter Einsatz der Exzenterpresse

1 mm

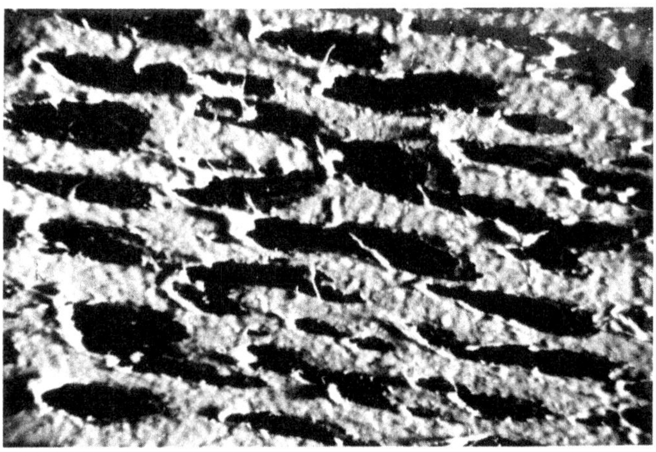

Abb. 27 Trennfläche beim Ablösen der Folie infolge hoher Umformgeschwindigkeiten und großem Umformgrad (Versuchswerkstoff Nr. 2)

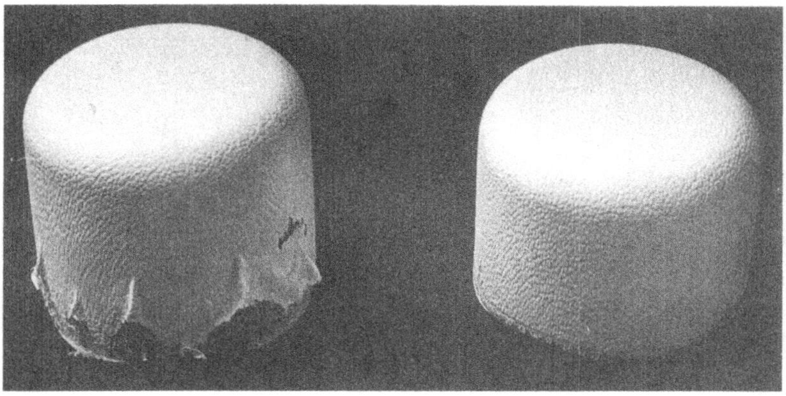

Abb. 28 Schädigung durch Erhöhung des Ziehverhältnisses bei nahezu gleicher Umformgeschwindigkeit (Versuchswerkstoff Nr. 2)

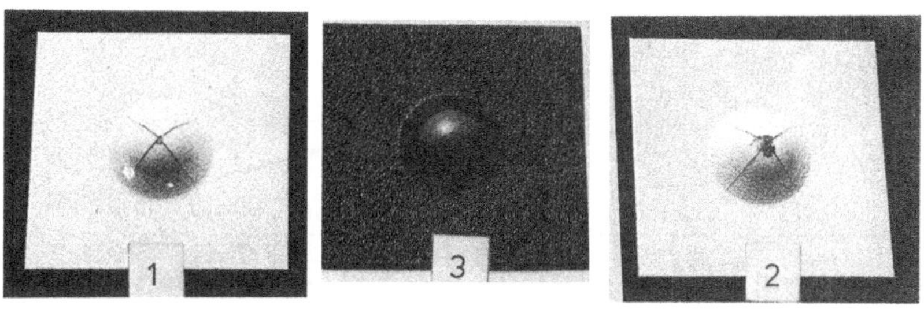

Abb. 29 Ablösung der Folienbeschichtung nach einer 8 mm Erichsen- Tiefung mit Kreuzschnitt

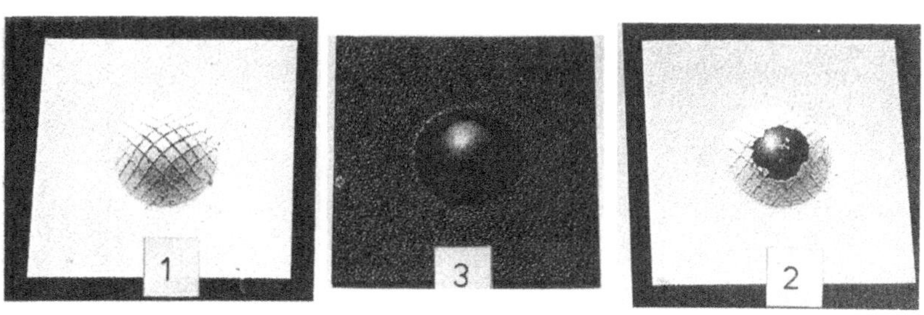

Abb. 30 Ablösung der Folienbeschichtung nach einer 8 mm Erichsen-Tiefung mit Gitterschnitt

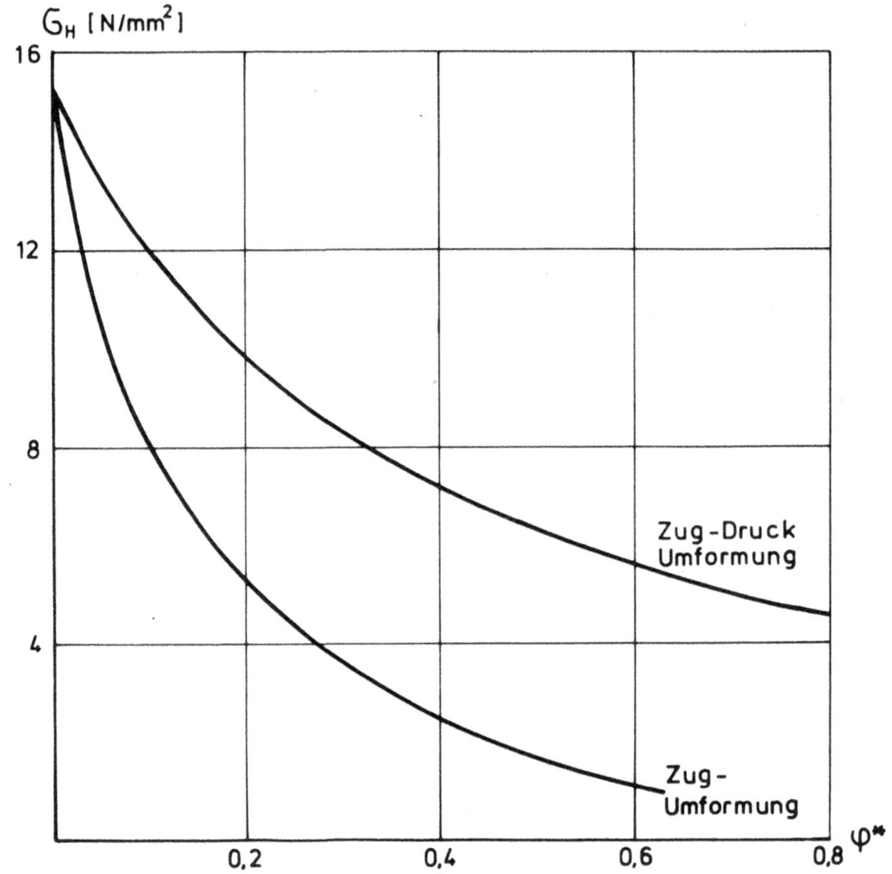

Abb. 31 Haftfestigkeitsverringerung durch freie Umformung mit unterschiedlichen Spannungszuständen

(Versuchswerkstoff Nr. 4)

Versuchs-werkstoff Nr.:	60° Einfallwinkel				85° Einfallwinkel			
	0° Walzrichtung		90° Walzrichtung		0° Walzrichtung		90° Walzrichtung	
	Reflektometerwert	Standardabweichung [%]	Reflektometerwert	Standardabweichung [%]	Reflektometerwert	Standardabweichung [%]	Reflektometerwert	Standardabweichung [%]
1	20,5	7,1	18,0	5,2	22,0	10,4	16,0	9,2
2	14,0	6,3	12,5	3,9	13,5	7,3	12,5	4,5
3	6,5	5,8	6,5	6,7	6,5	7,6	6,5	5,7
4	27,0	1,2	27,0	2,1	63,0	1,1	63,5	1,1

Abb. 32 Ergebnisse von Glanzmessungen an unverformten Proben

(20 Einzelmessungen je Reflektometerwert)

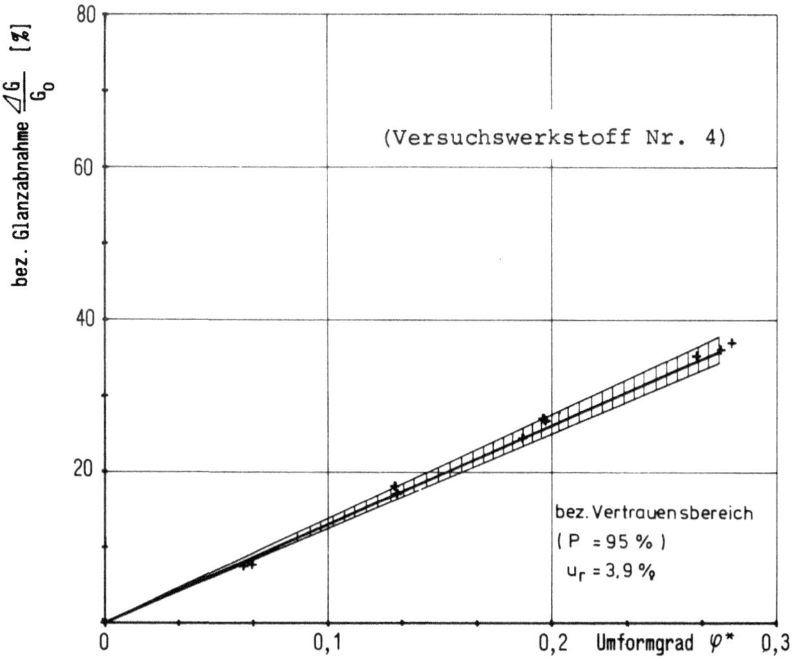

Abb. 33 Glanzabnahme als Funktion des Umformgrades bei Umformung unter einachsiger Zugspannung (60°-Einstrahlungswinkel)

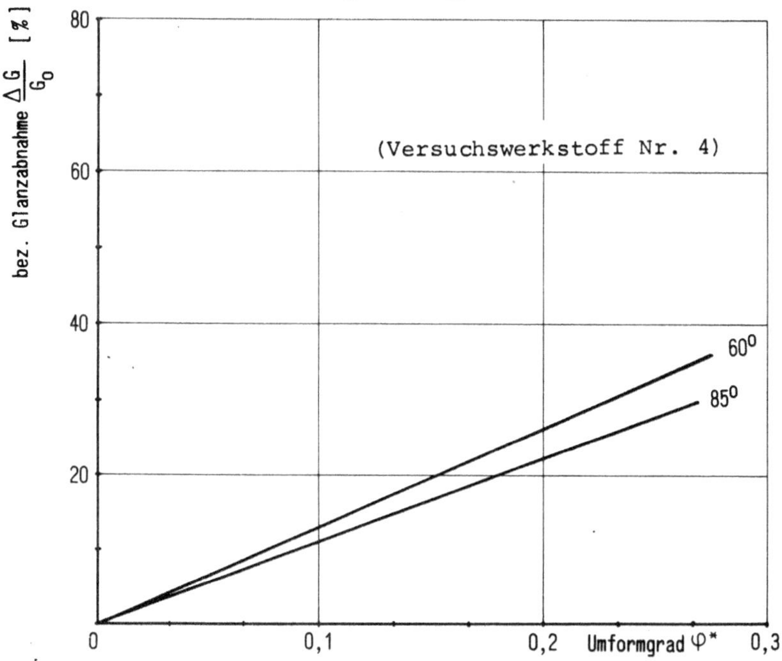

Abb. 34 Vergleich der Glanzabnahme bei Messung mit unterschiedlichen Einstrahlungswinkeln

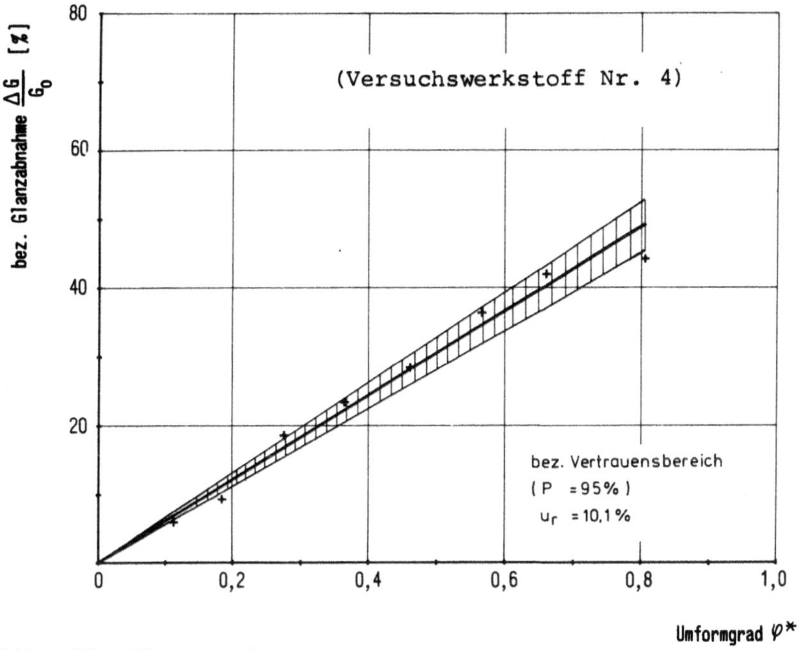

Abb. 35 Glanzabnahme als Funktion des Umformgrades bei Tiefziehumformung (60°-Einstrahlungsw.)

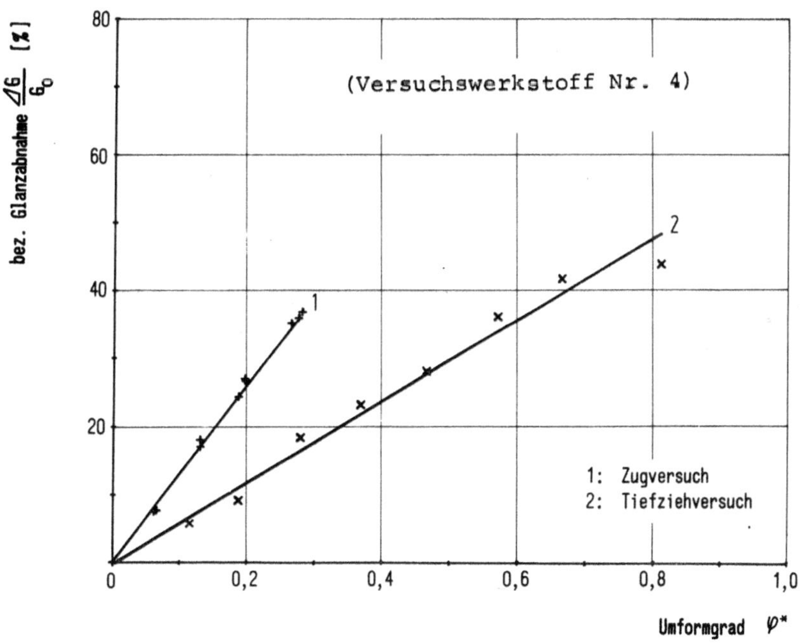

Abb. 36 Vergleich der Glanzabnahme bei unterschiedlicher Spannungszusammensetzung (60°-Einstrahlungswinkel)

Bezugslänge [mm]	cut off [mm]	$\overline{R}_t$ [µm]	Standardabweichung [µm]	rel. Standardabweichung [%]	Vertrauensbereich (p = 95 %) ± [µm]	bez. Vertrauensbereich [%]
1,5	0,75	2,9	0,447	15,5	0,322	11,2
4,8	2,5	3,4	0,380	11,2	0,274	8,0

Bezugslänge [mm]	cut off [mm]	$\overline{R}_t$ [µm]	Standardabweichung [µm]	rel. Standardabweichung [%]	Vertrauensbereich (p = 95 %) ± [µm]	bez. Vertrauensbereich [%]
1,5	0,75	2,9	0,447	15,5	0,322	11,2
4,8	2,5	3,4	0,380	11,2	0,274	8,0

Abb. 37 Einfluß der Bezugslänge und der Wellentrennlänge (cut off) auf die Rauheitskennwerte R_a und R_t

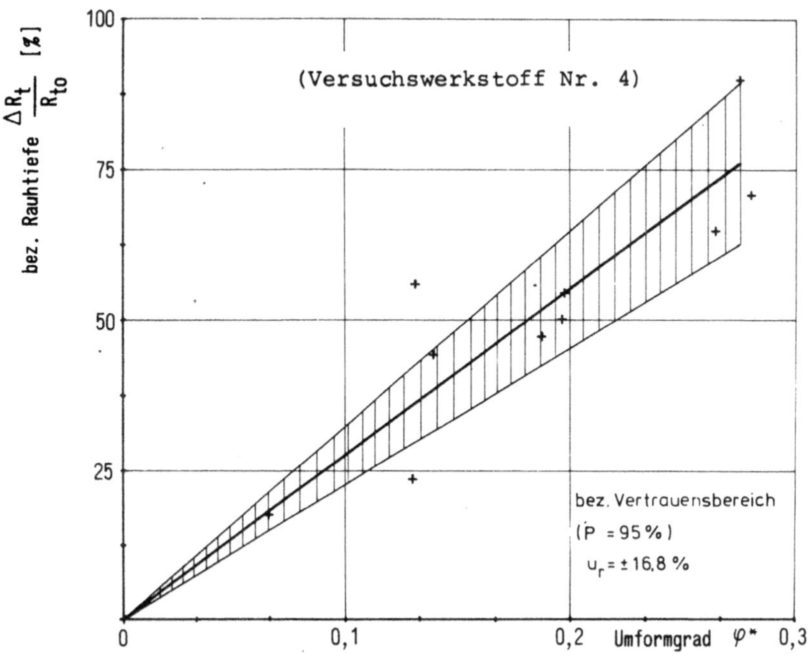

Abb. 38 Zunahme der bez. Rauhtiefe in Abhängigkeit vom Umformgrad beim Zugversuch (L = 4,8 mm , cut off = 2,5 mm)

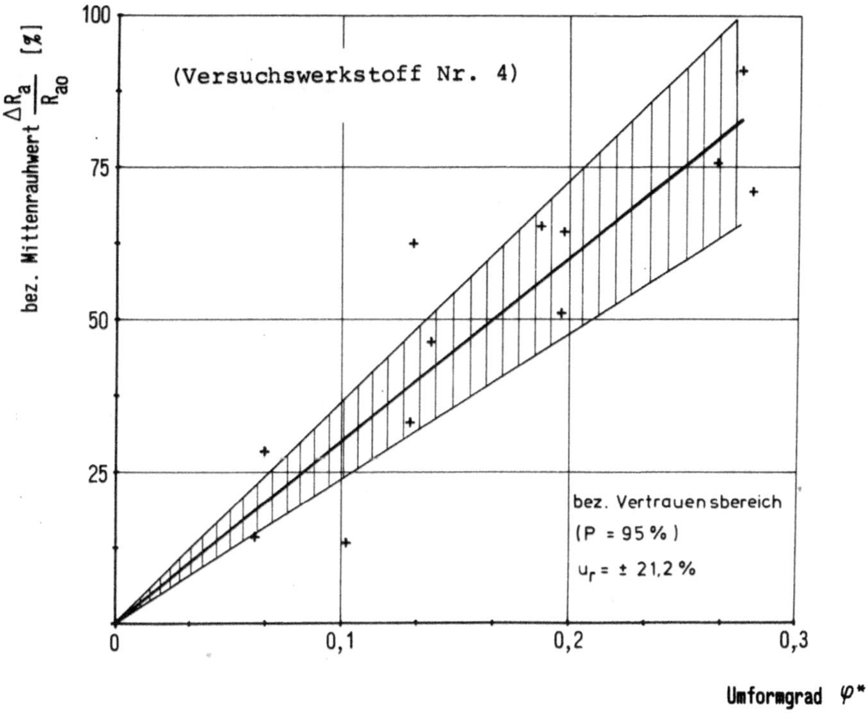

Abb. 39 Zunahme des bez. Mittenrauhwertes in Abhängigkeit vom Umformgrad beim Zugversuch (L = 4,8 mm , cut off = 2,5 mm)

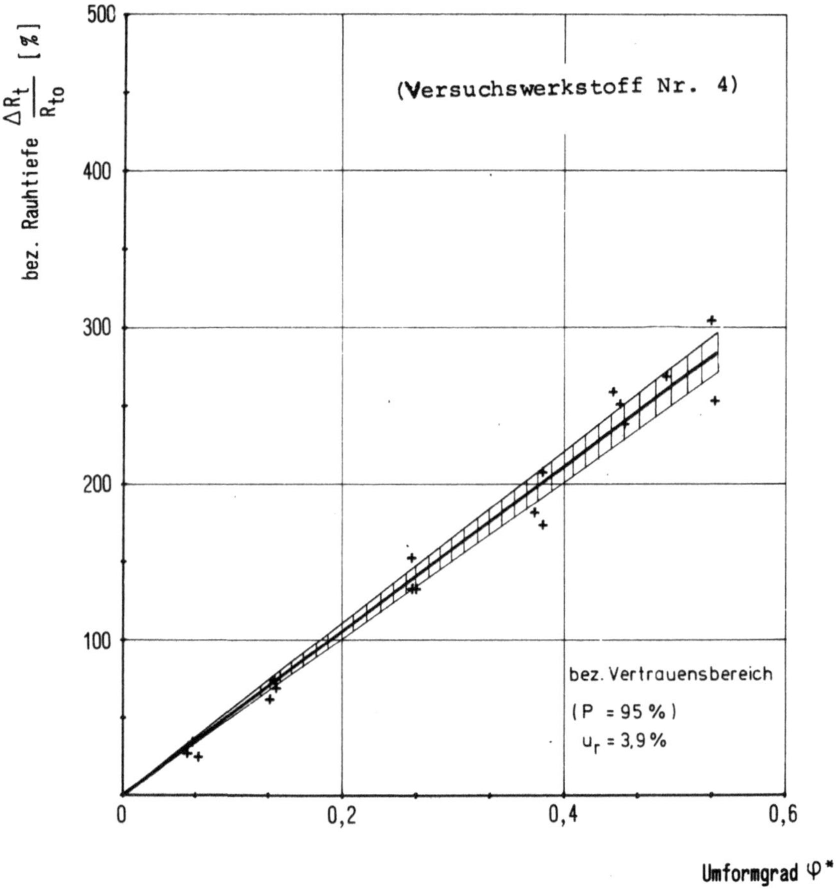

Abb. 40 Zunahme der bez. Rauhtiefe in Abhängigkeit vom Umformgrad bei Streckziehbeanspruchung (L = 4,8 mm , cut off = 2,5 mm)

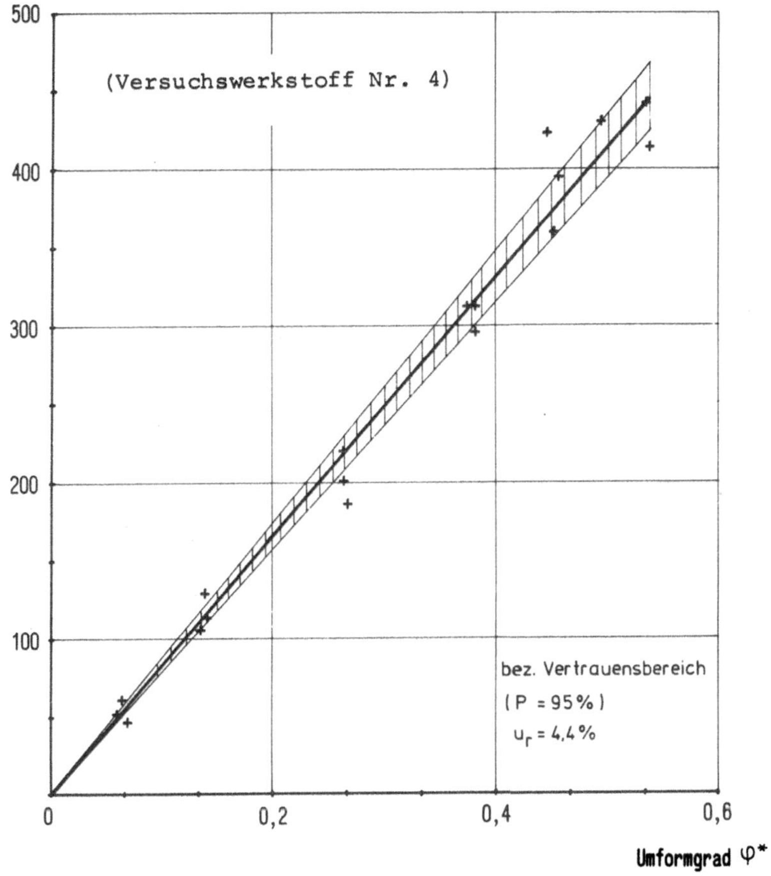

Abb. 41 Zunahme des bez. Mittenrauhwertes in Abhängigkeit vom Umformgrad bei Streckziehbeanspruchung (L = 4,8 mm , cut off = 2,5 mm)

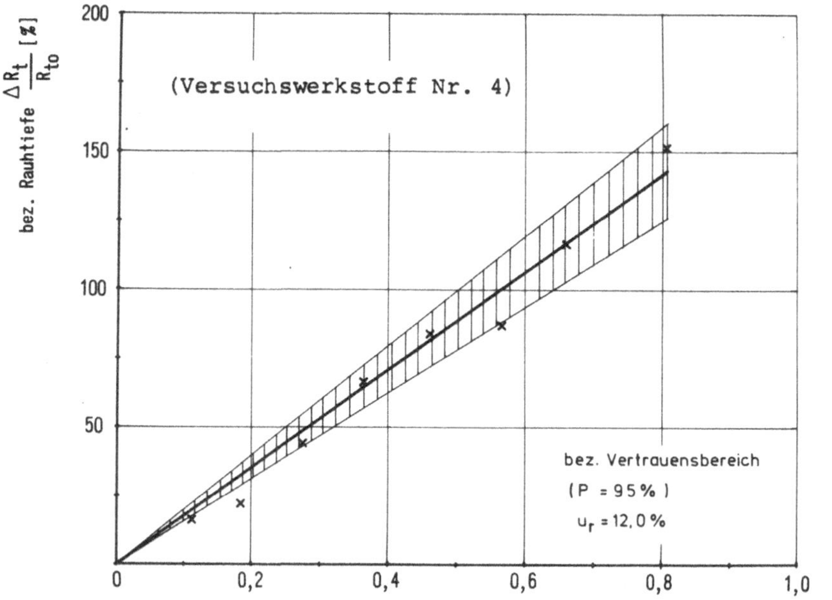

Abb. 42 Zunahme der bez. Rauhtiefe in Abhängigkeit vom Umformgrad bei Tiefziehbeanspruchung (L = 4,8 mm , cut off = 2,5 mm)

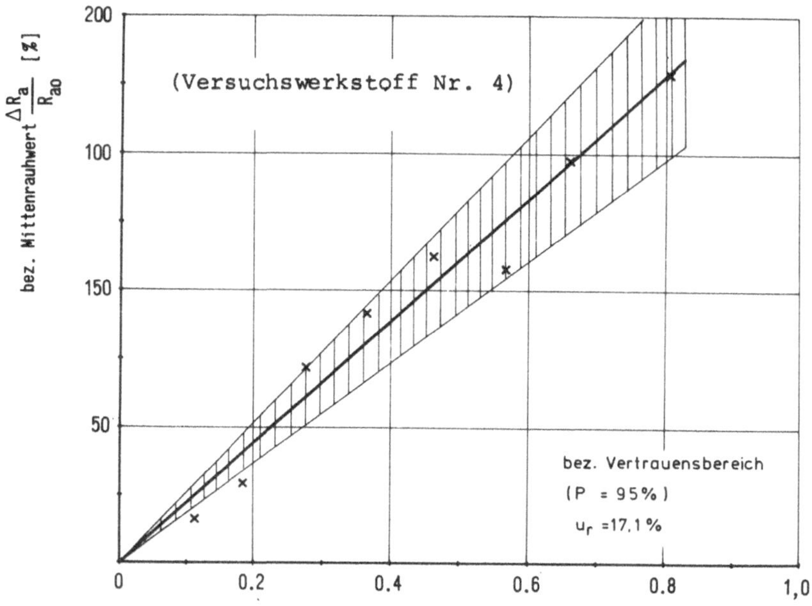

Abb. 43 Zunahme des bez. Mittenrauhwertes in Abhängigkeit vom Umformgrad bei Tiefziehbeanspruchung (L = 4,8 mm , cut off = 2,5 mm)

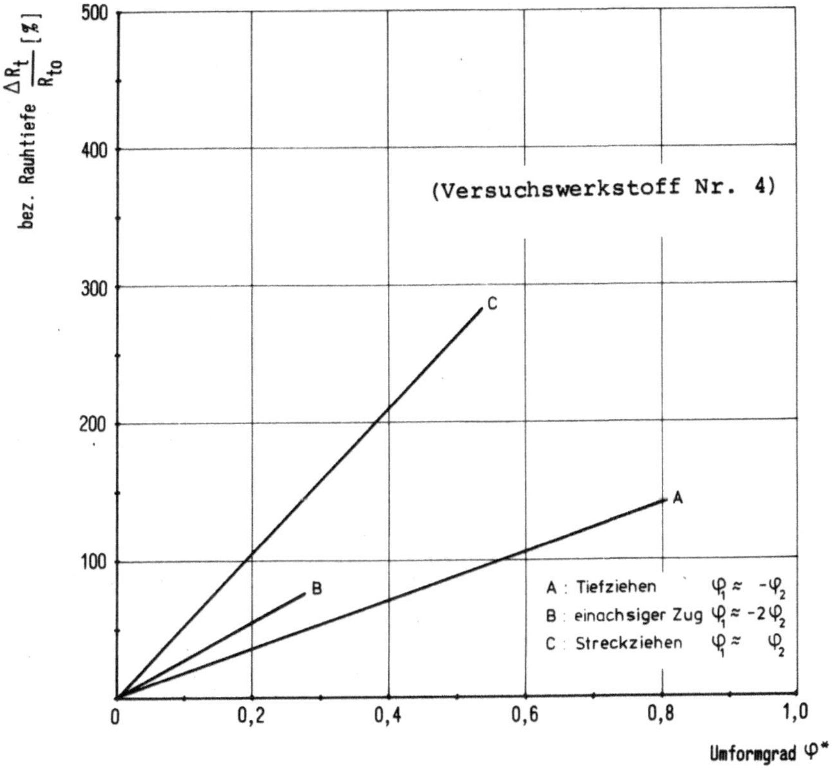

Abb. 44 Einfluß des Umformverfahrens auf die Zunahme der bez. Rauhtiefe (L = 4,8 mm , cut off = 2,5 mm)

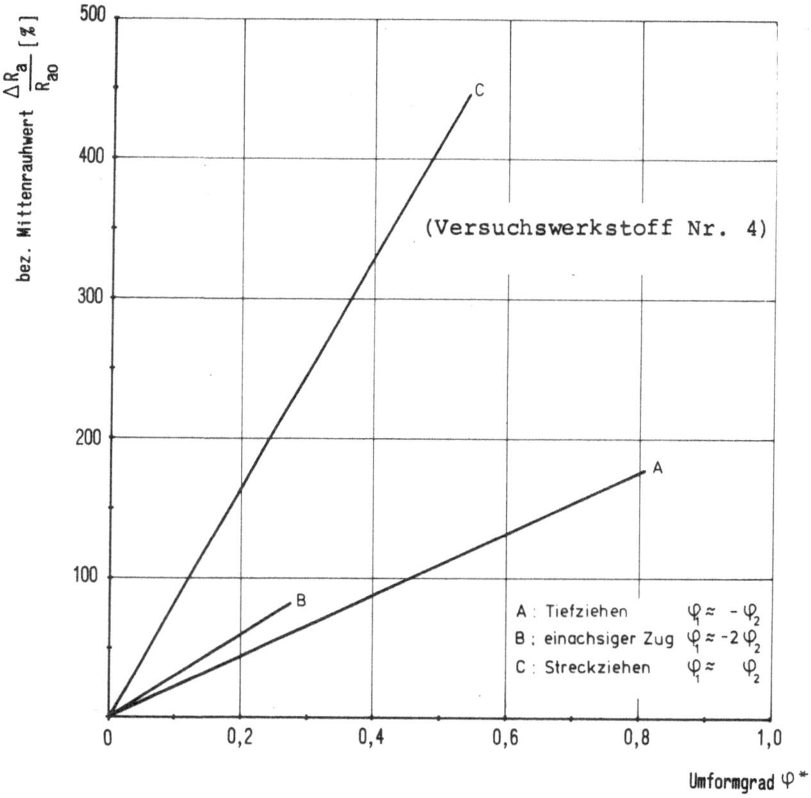

Abb. 45 **Einfluß des Umformverfahrens auf die Zunahme des bez. Mittenrauhwertes (L = 4,8 mm , cut off = 2,5 mm)**

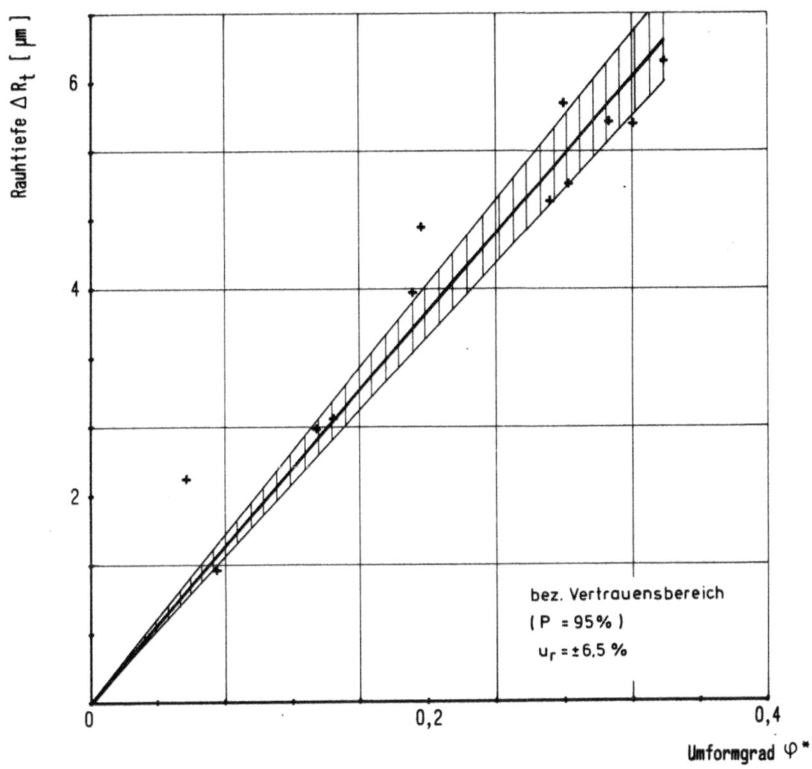

Abb. 46 Zunahme der Rauhtiefe an geschliffenen Blechoberflächen beim Zugversuch (L = 4,8 mm , cut off = 2,5 mm) (Trägerwerkstoff des Versuchswerkstoffes Nr. 4, Probenentnahme in Walzrichtung)

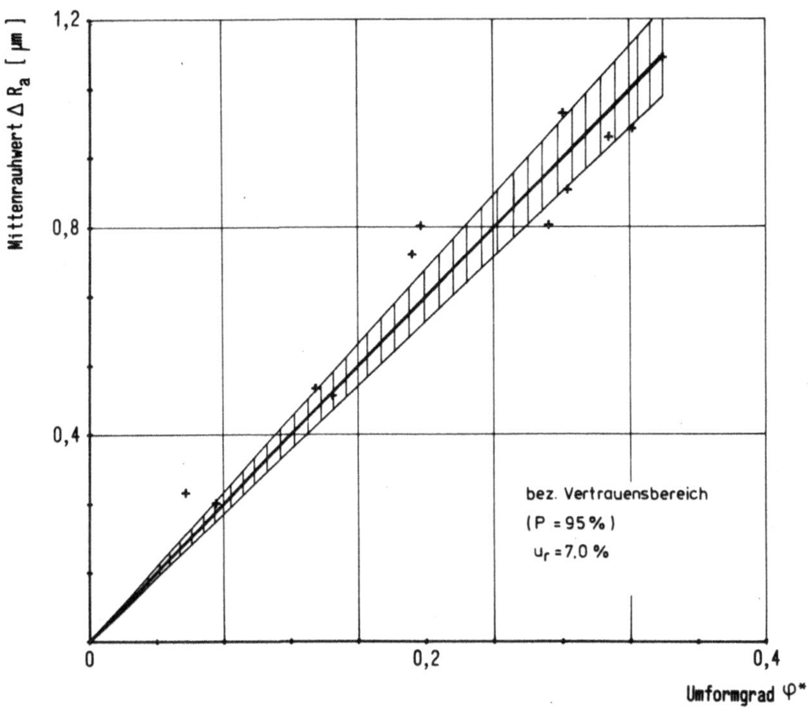

Abb. 47 **Zunahme des Mittenrauhwertes an geschliffenen Blechoberflächen beim Zugversuch**

(L = 4,8 mm , cut off = 2,5 mm)
(Trägerwerkstoff des Versuchswerkstoffes Nr. 4, Probenentnahme in Walzrichtung)

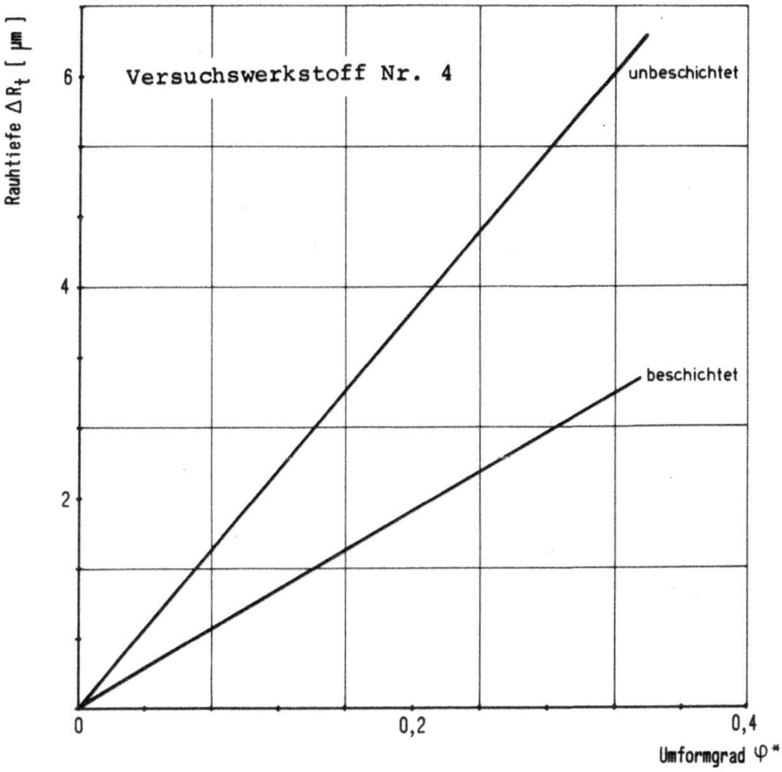

Abb. 48 **Vergleich der Rauhtiefe an beschichteten und unbeschichteten Blechen beim Zugversuch (L = 4,8 mm , cut off = 2,5 mm)**

(vergl. Abb. 38 und Abb. 46)

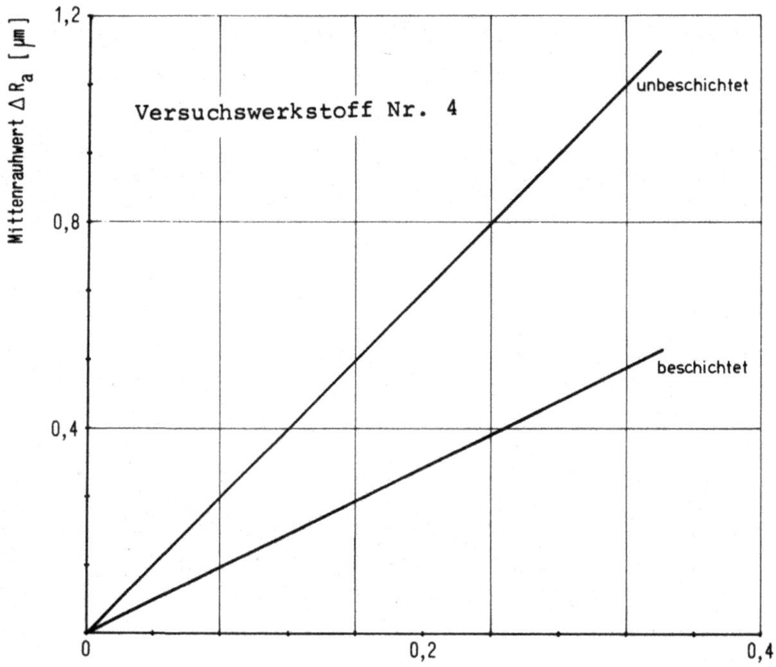

Abb. 49 Vergleich des Mittenrauhwertes an beschichteten und unbeschichteten Blechen beim Zugversuch
(L = 4,8 mm , cut off = 2,5 mm)
(vergl. Abb. 39 und Abb. 47)

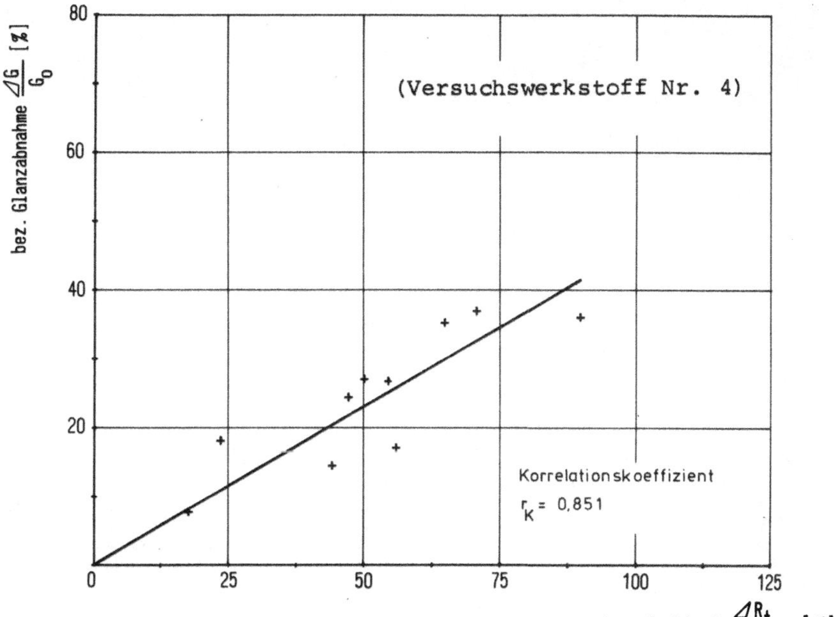

Abb. 50 Zusammenhang zwischen Rauhtiefe und Glanzgrad beim Zugversuch (L = 4,8 mm , cut off = 2,5 mm, 60°-Einstrahlungswinkel)

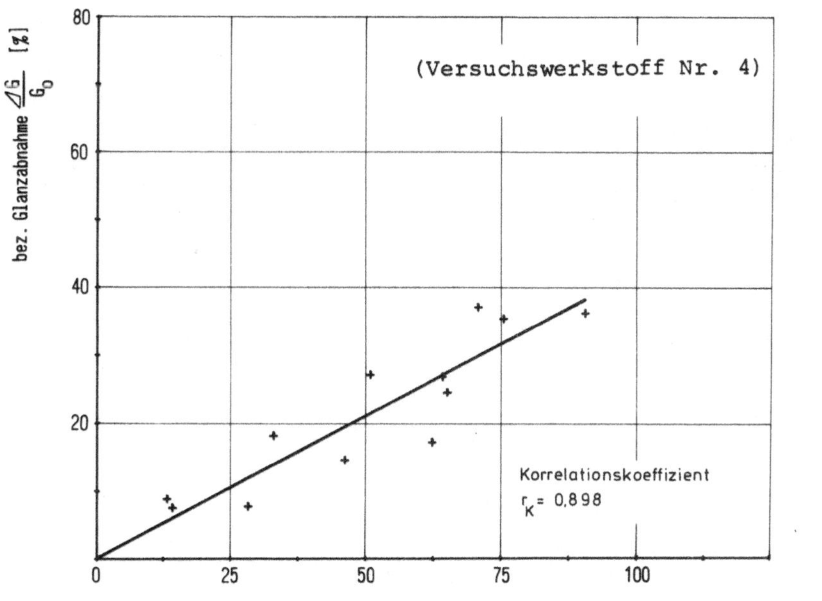

Abb. 51 Zusammenhang zwischen Mittenrauhwert und Glanzgrad beim Zugversuch (L = 4,8 mm , cut off = 2,5 mm, 60°-Einstrahlungswinkel)

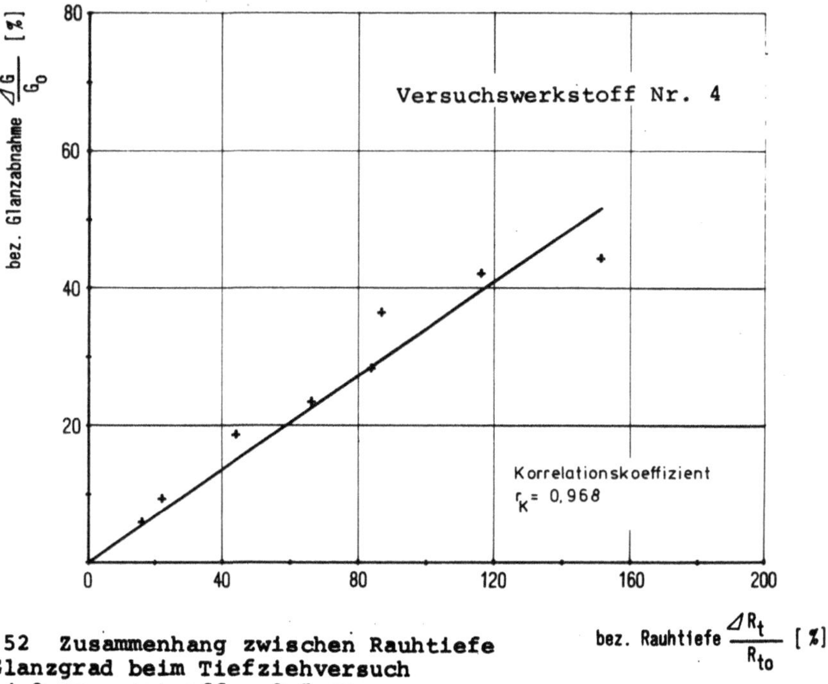

Abb. 52 Zusammenhang zwischen Rauhtiefe und Glanzgrad beim Tiefziehversuch (L_o = 4,8 mm , cut off = 2,5 mm, 60°-Einstrahlungswinkel)

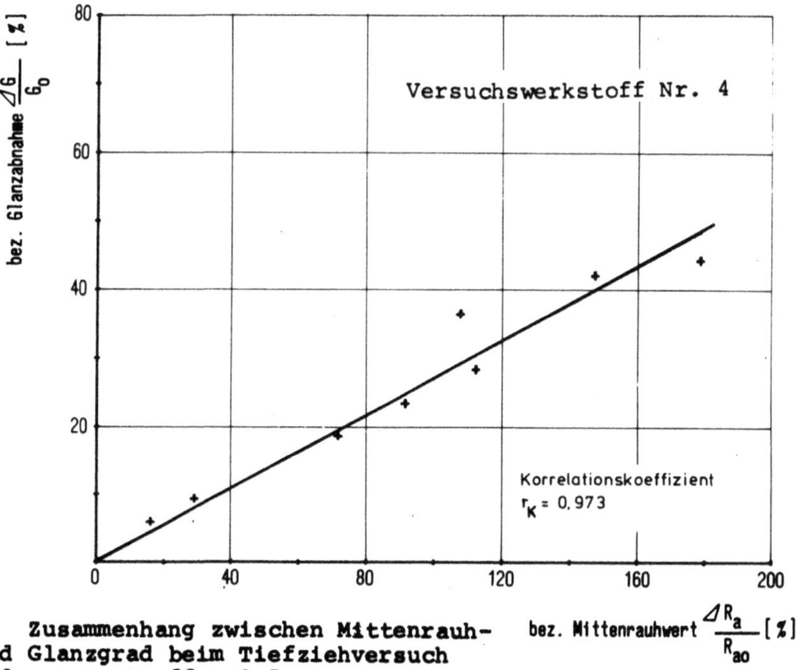

Abb. 53 Zusammenhang zwischen Mittenrauhwert und Glanzgrad beim Tiefziehversuch (L = 4,8 mm , cut off = 2,5 mm, 60°-Einstrahlungswinkel)

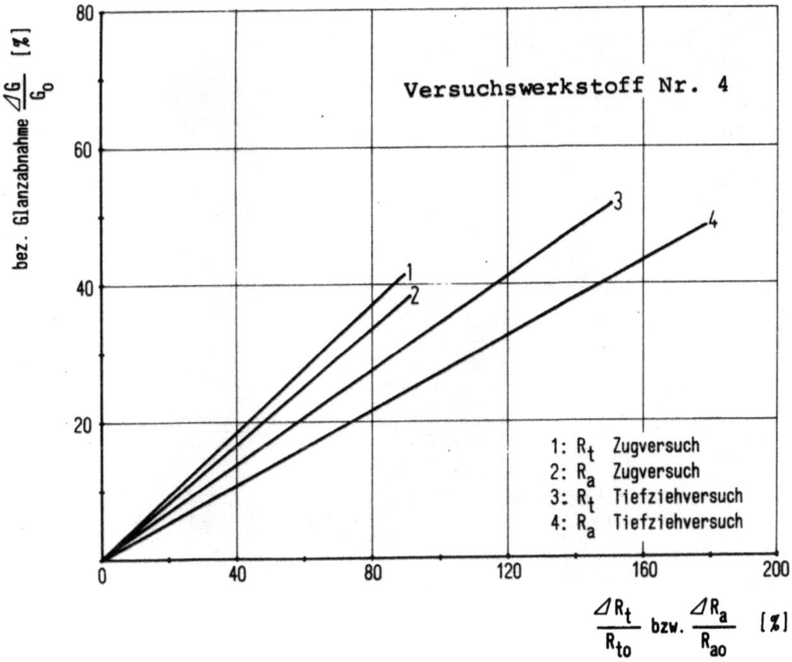

Abb. 54 Einfluß des Umformverfahrens auf Glanzgrad und Oberflächenrauheitskennwerte (L = 4,8 mm , cut off = 2,5 mm, 60°-Einstrahlungswinkel)

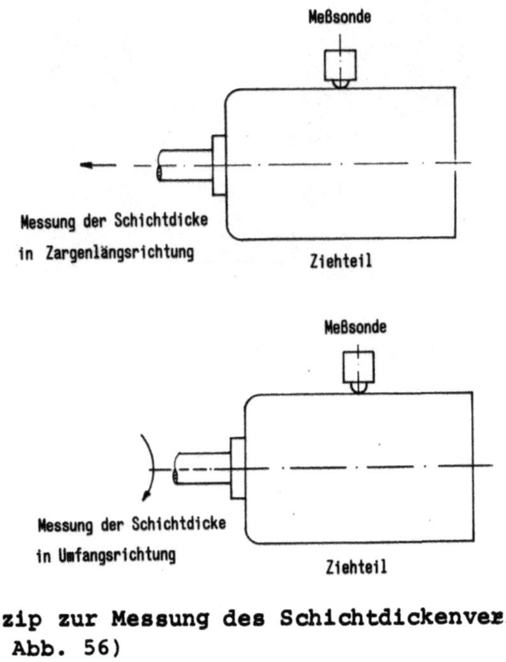

Abb. 55 Meßprinzip zur Messung des Schichtdickenverlaufes (vergl. Abb. 56)

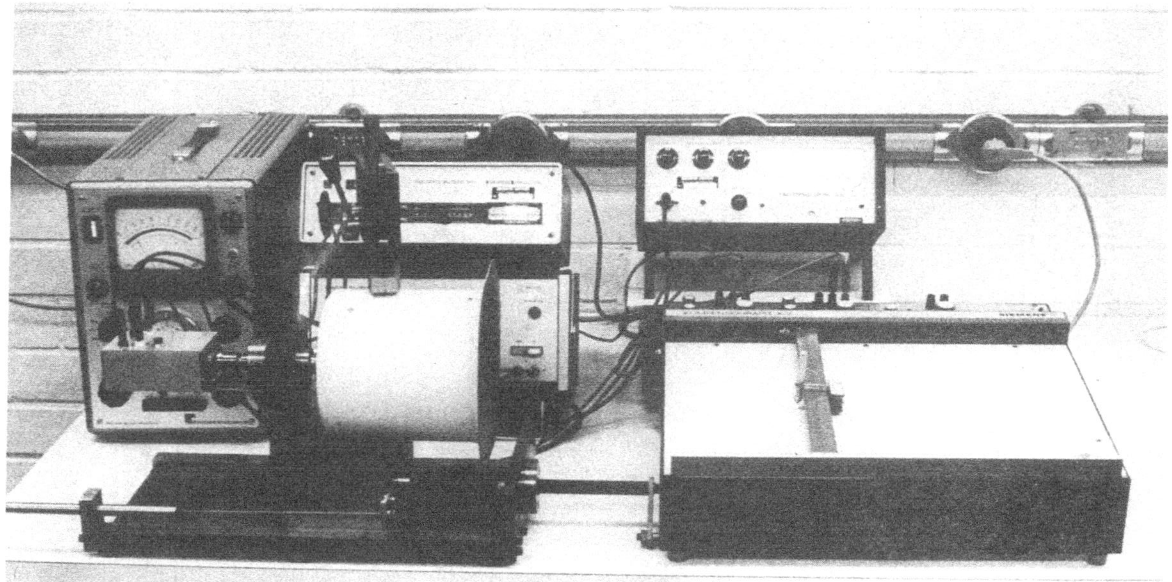

Abb. 56 Versuchsaufbau zur Messung des Schichtdickenverlaufes an zylindrischen Ziehteilen (vergl. Abb. 55)

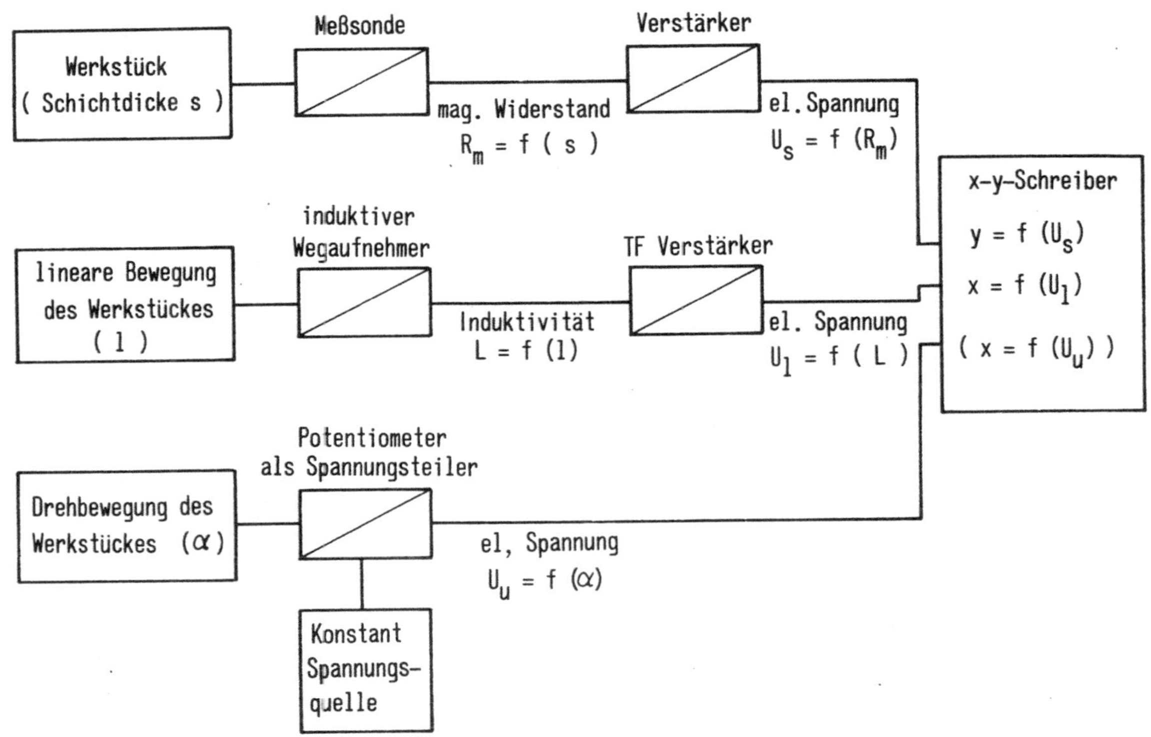

Abb. 57 Blockschaltbild des Versuchsaufbaues zur kontinuierlichen Schichtdickenmessung (vergl. Abb. 56)

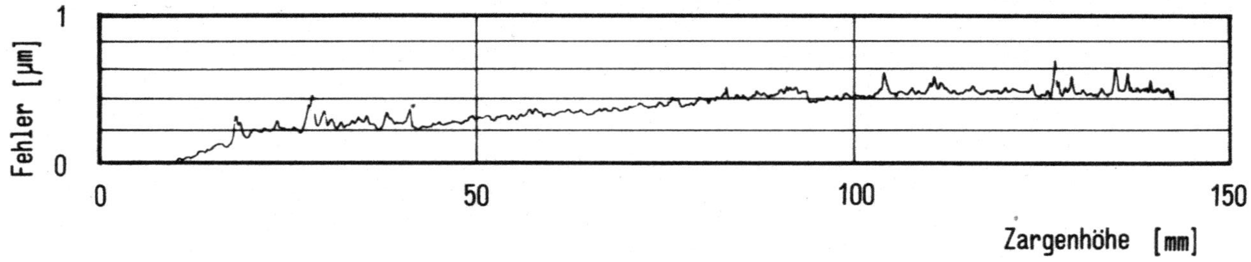

Abb. 58 Verschiebung des Nullpunktes durch Änderung des magnetischen Wiederstandes bei einem Stahlblech infolge einer Tiefziehumformung

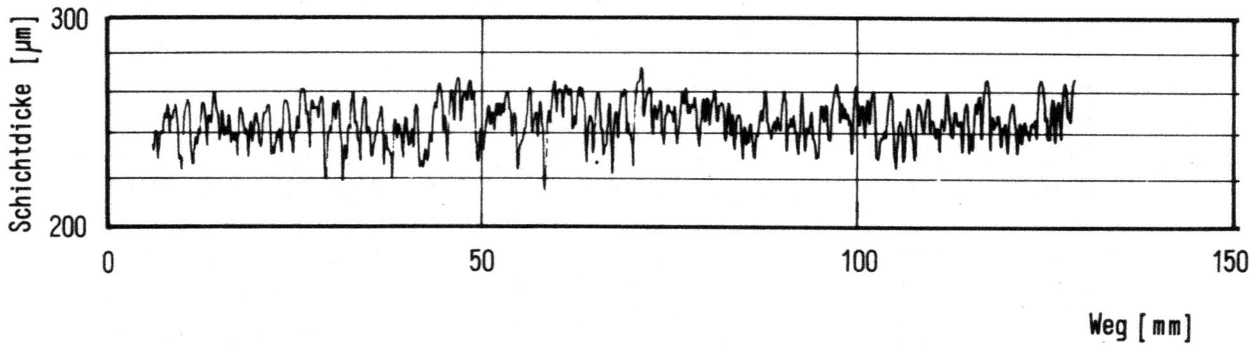

Abb. 59 Schichtdickenmessung am Versuchswerkstoff 1 im Ausgangszustand

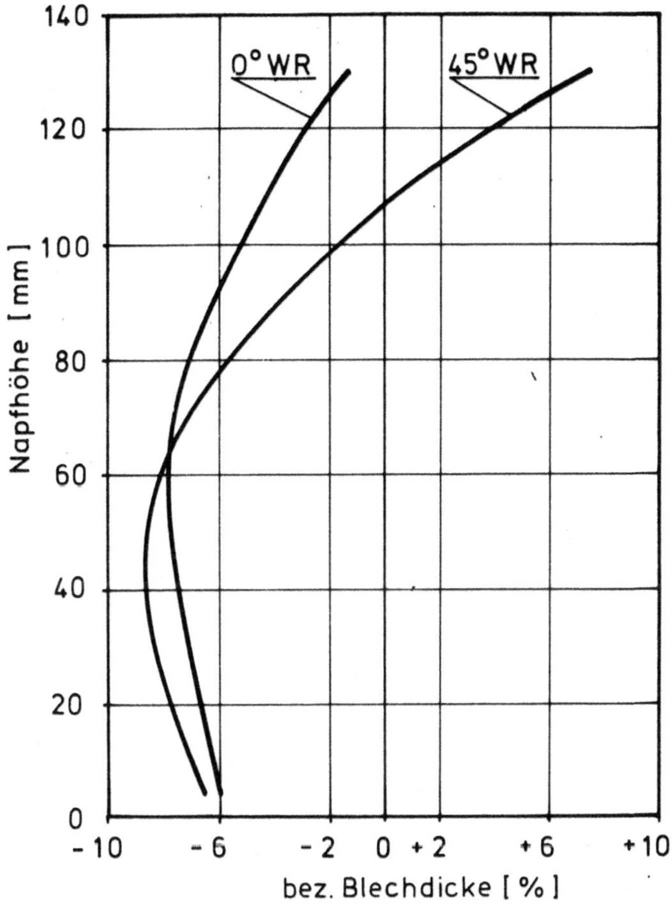

Abb. 60 Verlauf der Blechdicke in Zargenlängsrichtung (Versuchswerkstoff Nr. 1, Stempeldurchmesser d_o = 150 mm, Ziehverhältnis β_o = 2,2)

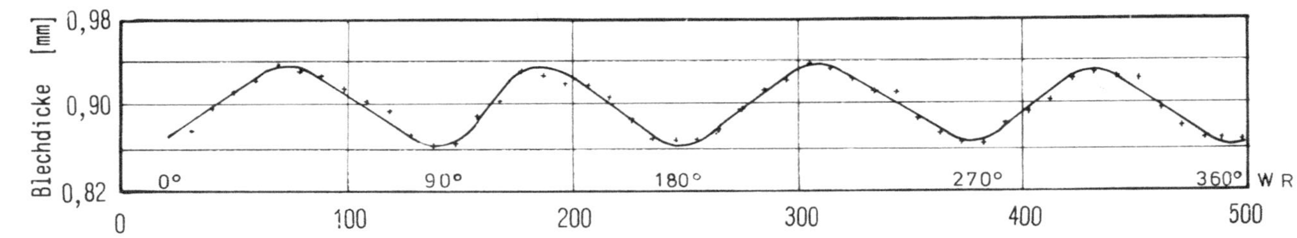

(Versuchswerkstoff Nr. 1, Stempeldurchmesser d_o = 150 mm, Ziehverhältnis β_o = 2,2 , Meßebene 120 mm über dem Ziehteilboden)

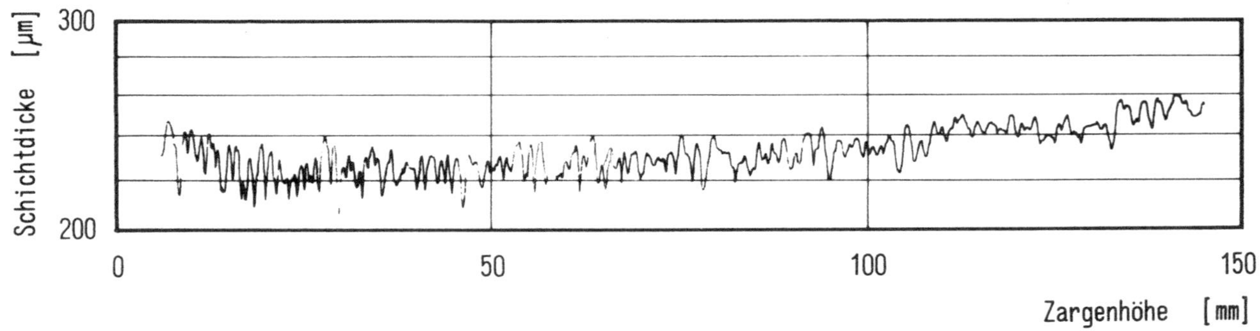

Abb. 62 Verlauf der Schichtdicke in Zargenlängsrichtung (Versuchswerkstoff Nr. 1, 0°-Walzrichtung, Stempeldurchmesser d_o = 150 mm, Ziehverhältnis β_o = 2,2)

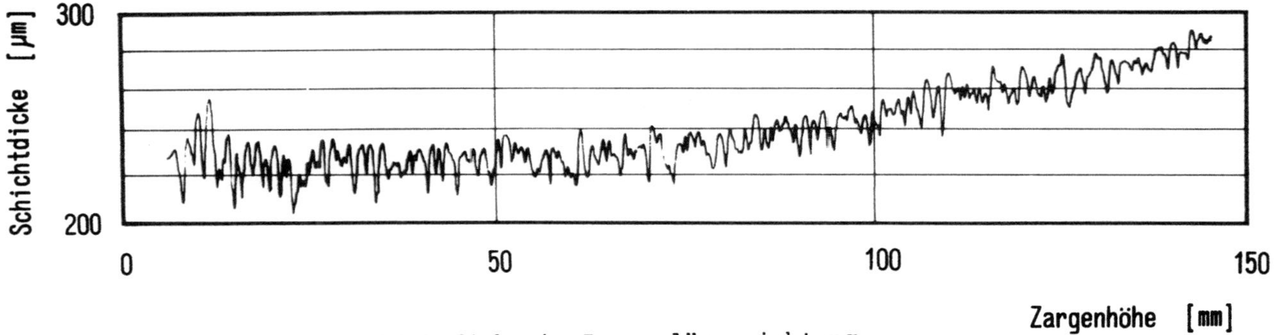

Abb. 63 Verlauf der Schichtdicke in Zargenlängsrichtung (Versuchswerkstoff Nr. 1, 45°-Walzrichtung, Stempeldurchmesser d_o = 150 mm, Ziehverhältnis β_o = 2,2)

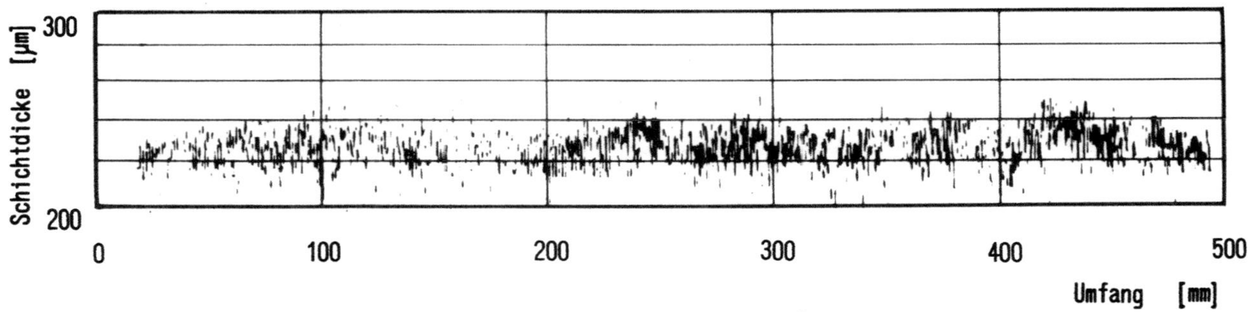

Abb. 64 Verlauf der Schichtdicke über dem Ziehteilumfang (Versuchswerkstoff Nr. 1, Stempeldurchmesser d_o = 150 mm, Ziehverhältnis β_o = 2,2 , Meßebene 20 mm über dem Ziehteilboden)

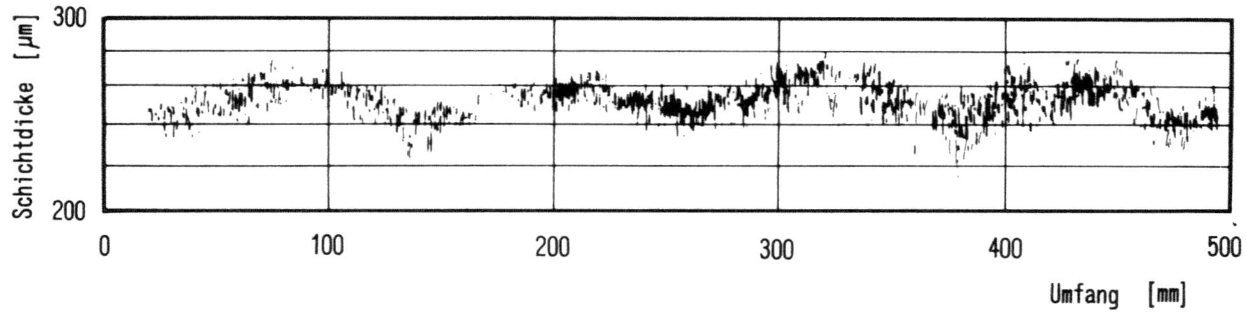

Abb. 65 Verlauf der Schichtdicke über dem Ziehteilumfang (Versuchswerkstoff Nr. 1, Stempeldurchmesser d_o = 150 mm, Ziehverhältnis β_o = 2,2 , Meßebene 120 mm über dem Ziehteilboden)

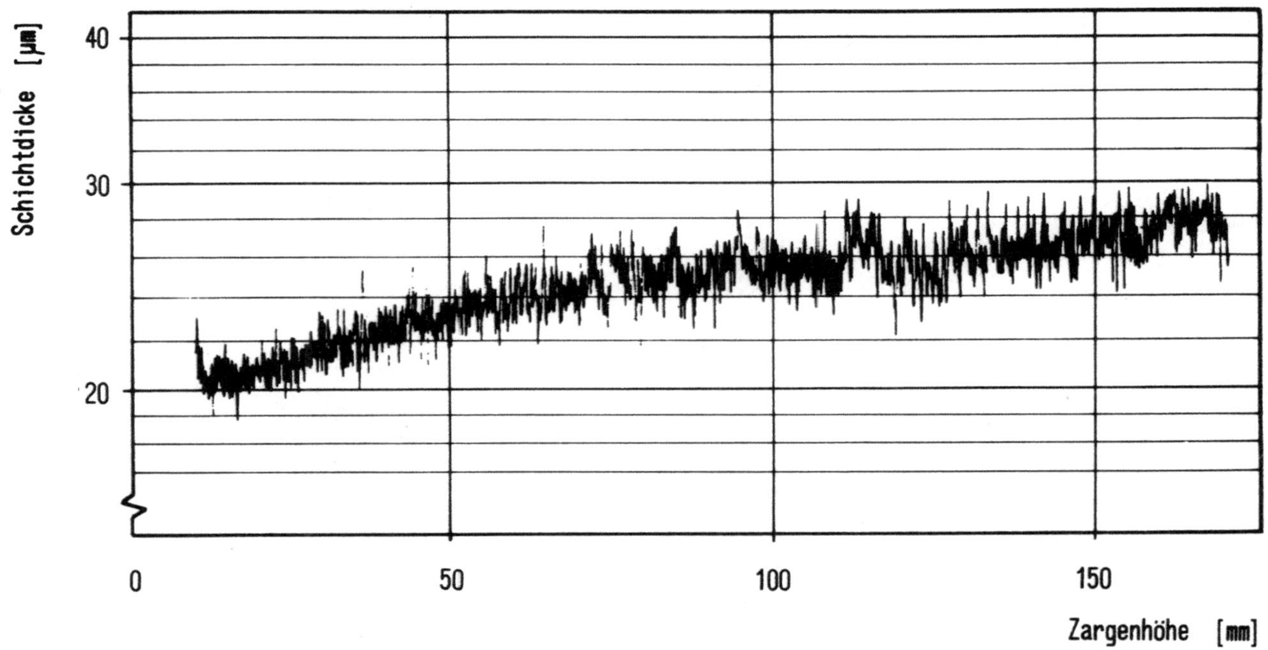

Abb. 66 Verlauf der Schichtdicke in Zargenlängsrichtung (Versuchswerkstoff Nr. 4, 0°-Walzrichtung, Stempeldurchmesser d_o = 150 mm, Ziehverhältnis β_o = 2,4)

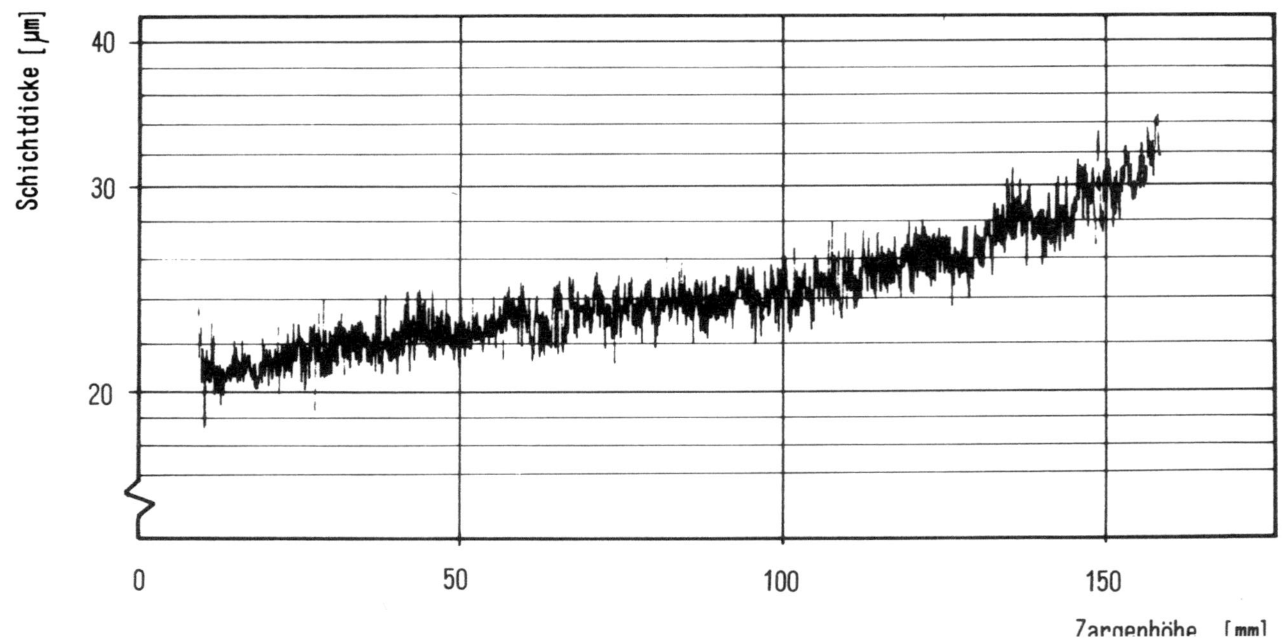

Abb. 67 Verlauf der Schichtdicke in Zargenlängsrichtung (Versuchswerkstoff Nr. 4, 45°-Walzrichtung, Stempeldurchmesser d_o = 150 mm, Ziehverhältnis β_o = 2,4)

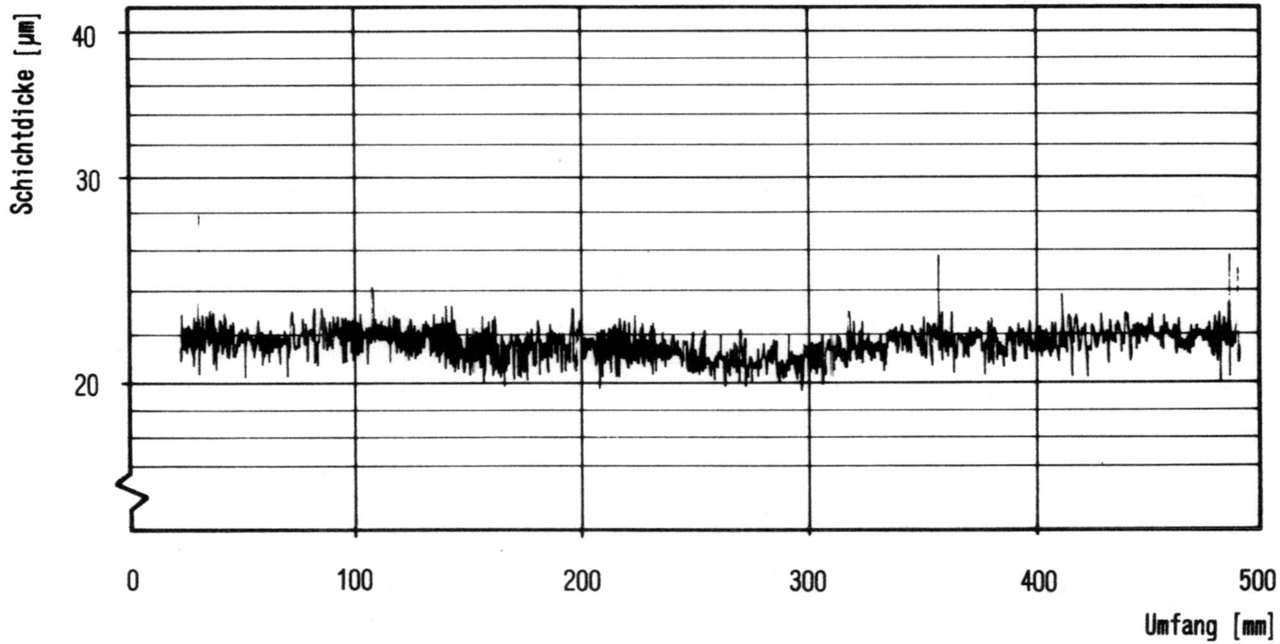

Abb. 68 Verlauf der Schichtdicke über dem Ziehteilumfang (Versuchswerkstoff Nr. 4, Stempeldurchmesser d_o = 150 mm, Ziehverhältnis β_o = 2,4 , Meßebene 20 mm über dem Ziehteilboden)

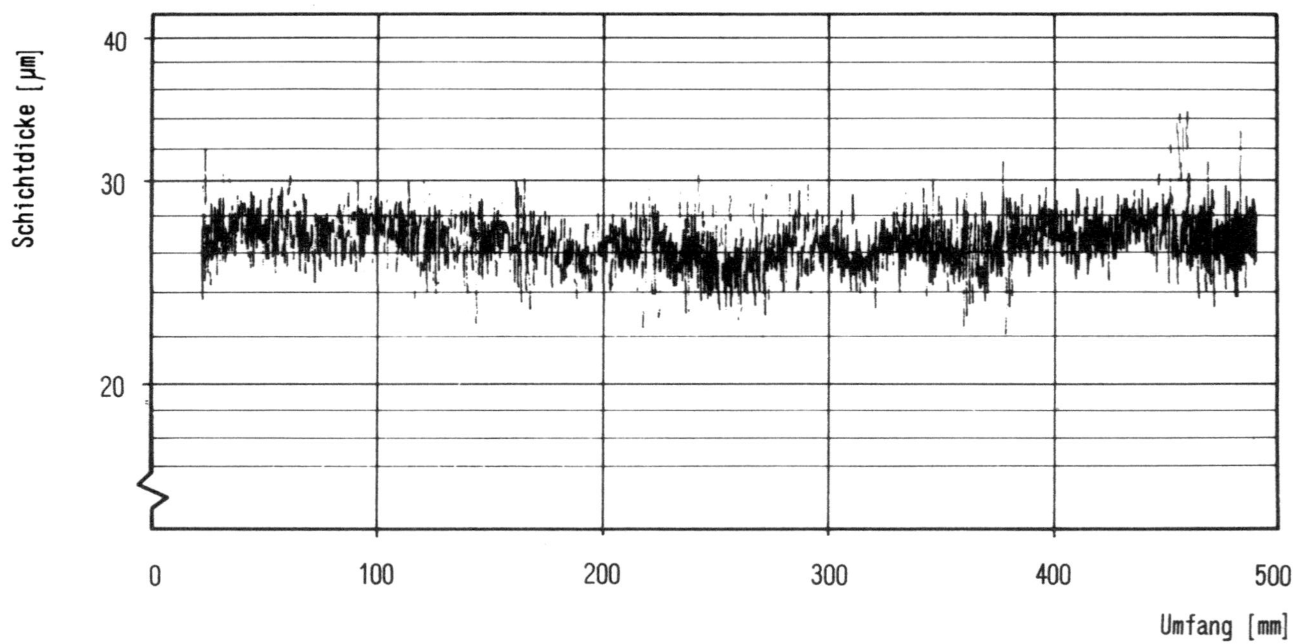

Abb. 69 Verlauf der Schichtdicke über dem Ziehteilumfang (Versuchwerkstoff Nr. 4, Stempeldurchmesser d_o = 150 mm, Ziehverhältnis β_o = 2,4 , Meßebene 120 mm über dem Ziehteilboden)

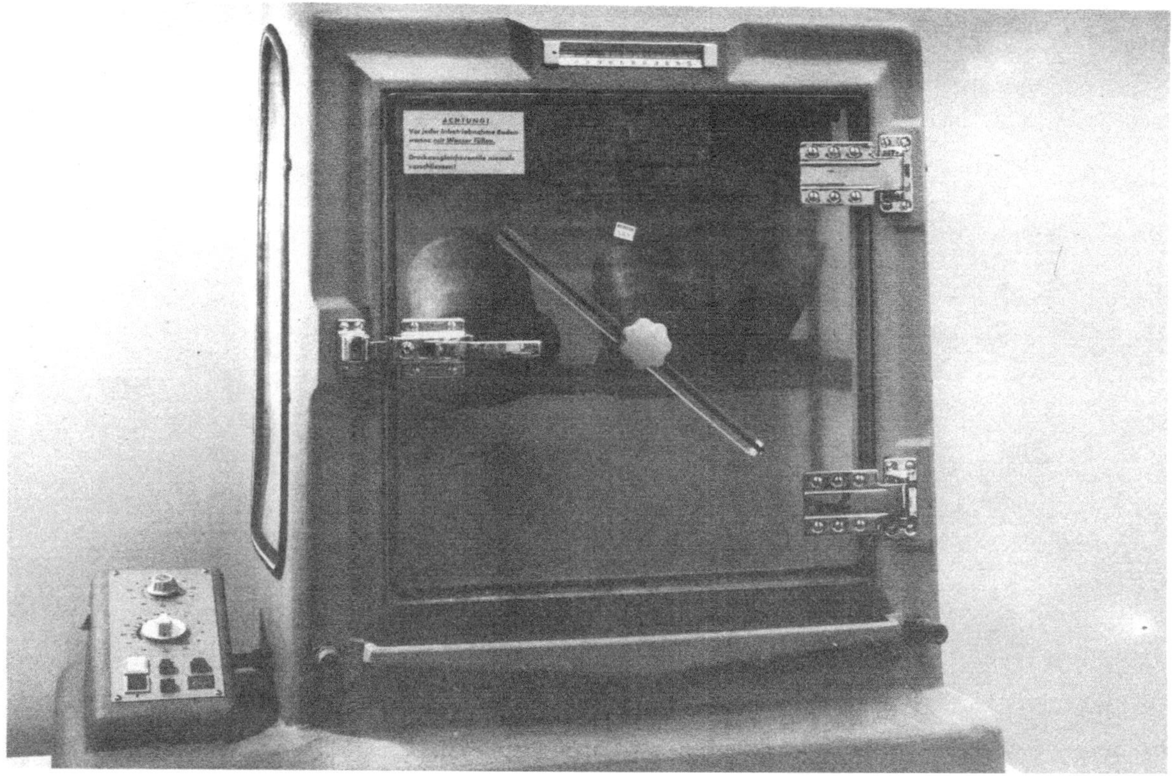

Abb. 70 Schrank zur Korrosionsprüfung im Schwitzwasser-Kcnstantklima nach DIN 50017

(Gebr. Liebisch Type KS-300)

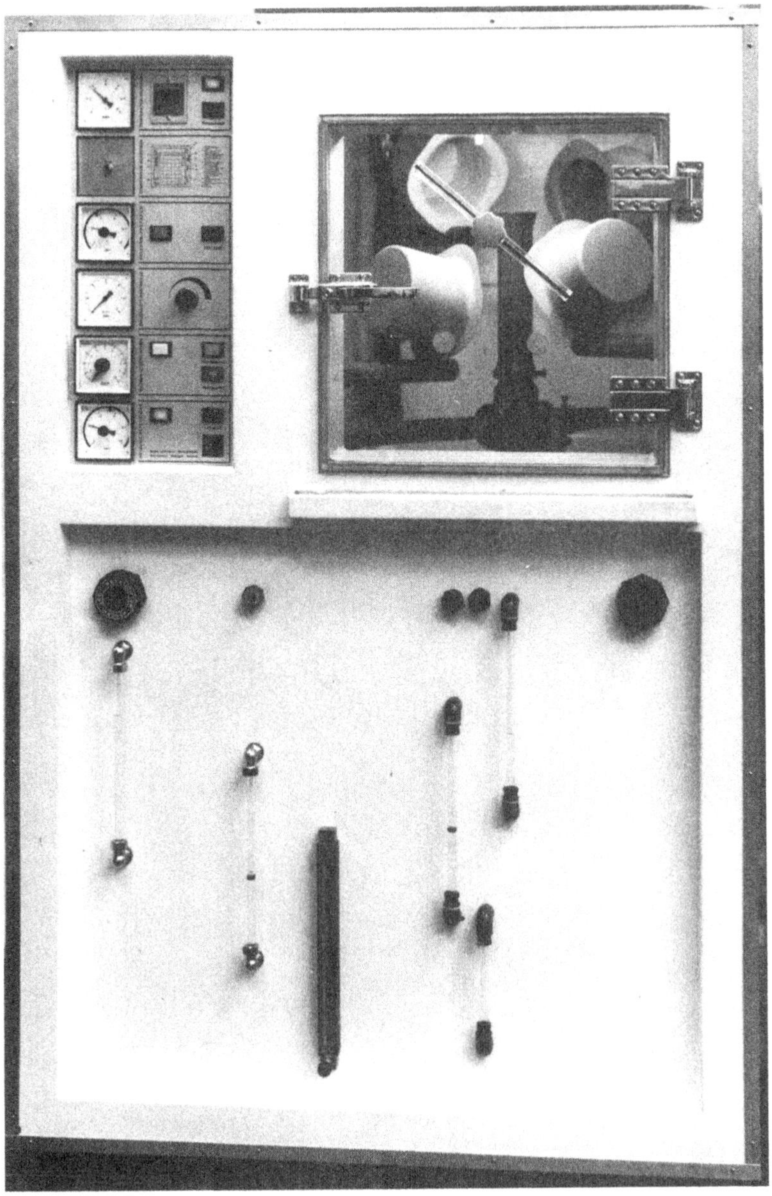

Abb. 71 Schrank zur Korrosionsprüfung im Salzsprühnebelklima nach DIN 50021

(Gebr. Liebisch Type S-400)

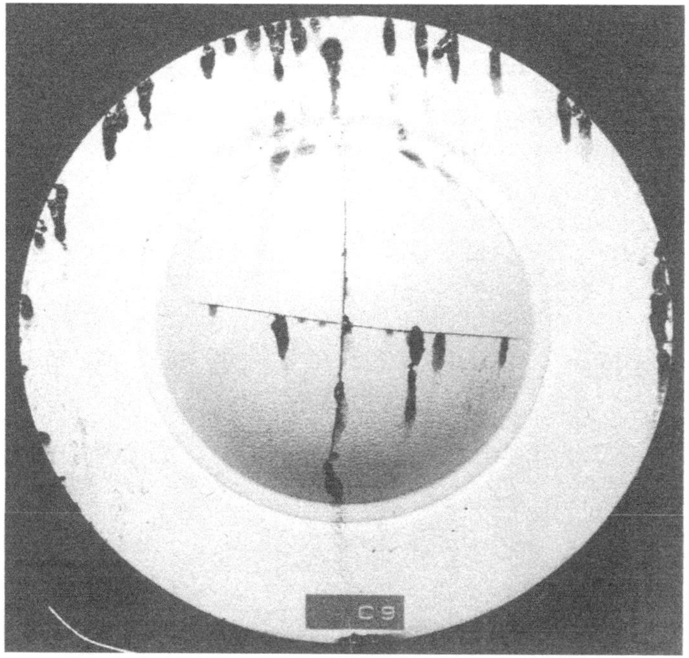

Abb. 72 Beulprobe mit Kreuzschnitt nach einer Lagerung von 1000 Stunden im Schwitzwasser-Konstantklima (Beultiefe 30 mm)
Versuchswerkstoff Nr. 2

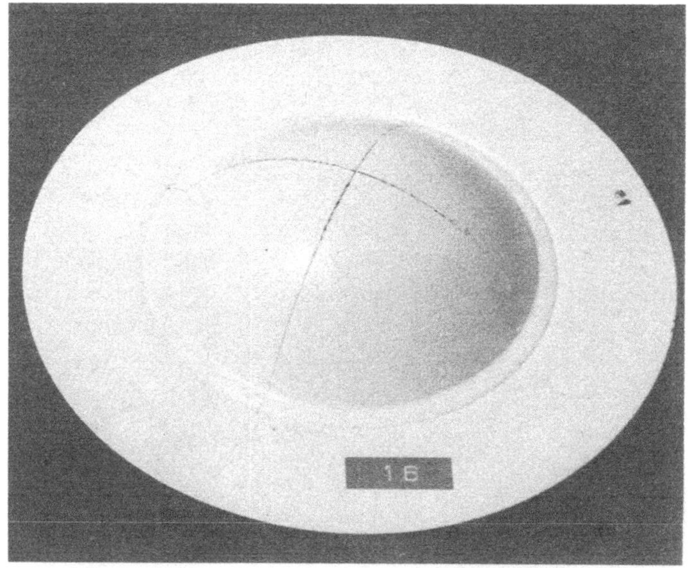

Abb. 73 Beulprobe mit Kreuzschnitt nach einer Lagerung von 1000 Stunden im Schwitzwasser-Konstantklima und anschließender Reinigung mit warmen Wasser (Beultiefe 30 mm)
Versuchswerkstoff Nr. 2

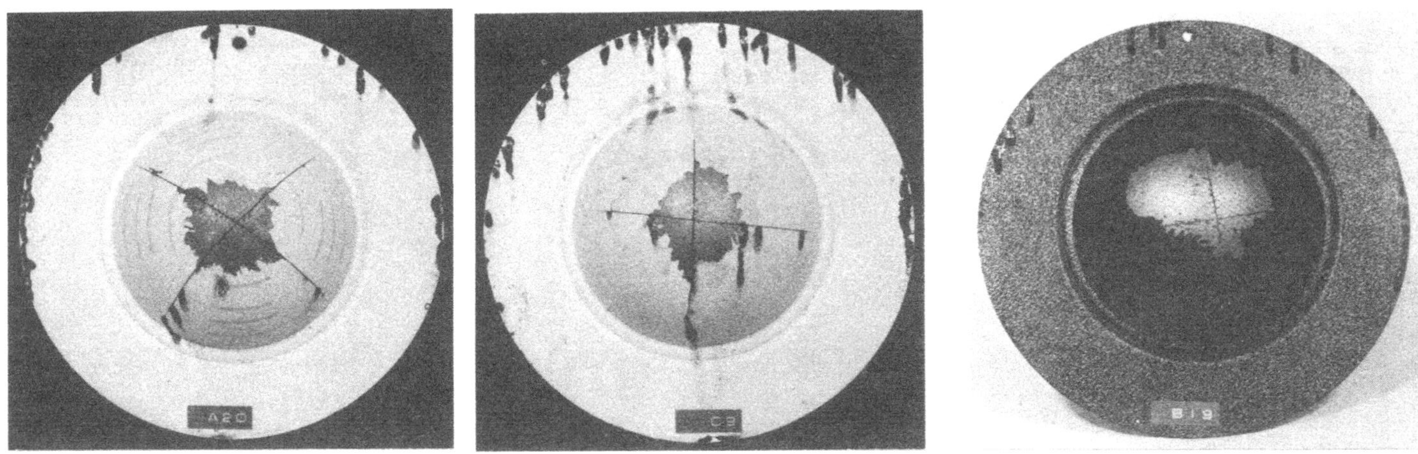

Abb. 74 Ablösung der Beschichtung im Kuppenbereich nach einer Lagerung von 1000 Stunden im Schwitzwasser-Konstantklima (Beultiefe 30 mm) Versuchswerkstoffe Nr. 1-3

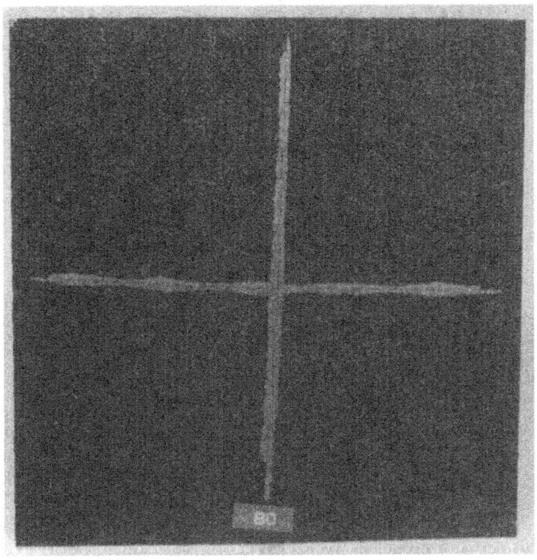

unverformte Blechprobe

Beultiefe 9 mm

Beultiefe 21 mm

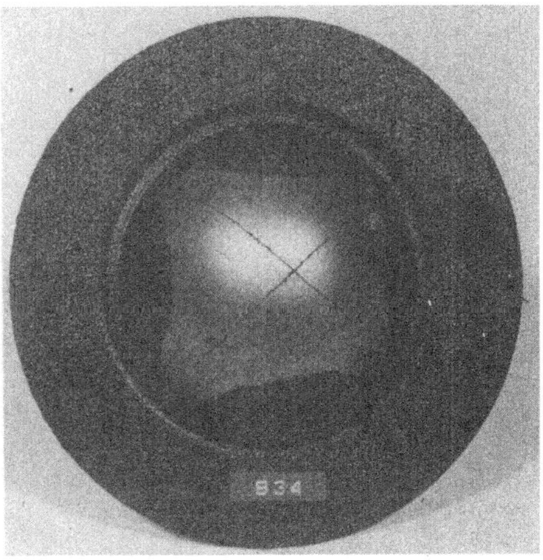

Beultiefe 33 mm

Abb. 75 Beulproben unterschiedlicher Tiefung mit Kreuzschnitt nach einer Lagerung von von 168 Stunden im Salzsprühnebel Versuchswerkstoff Nr. 3

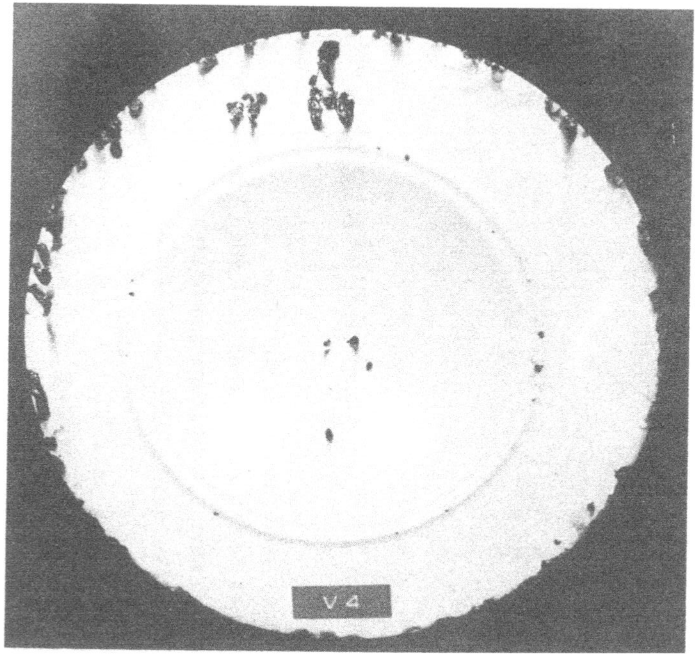

Abb. 76 Rostbildung an Poren in der Beschichtung (Beultiefe 15 mm, 1000 Std. Schwitzwasser-Konstantklima) Versuchswerkstoff Nr. 4

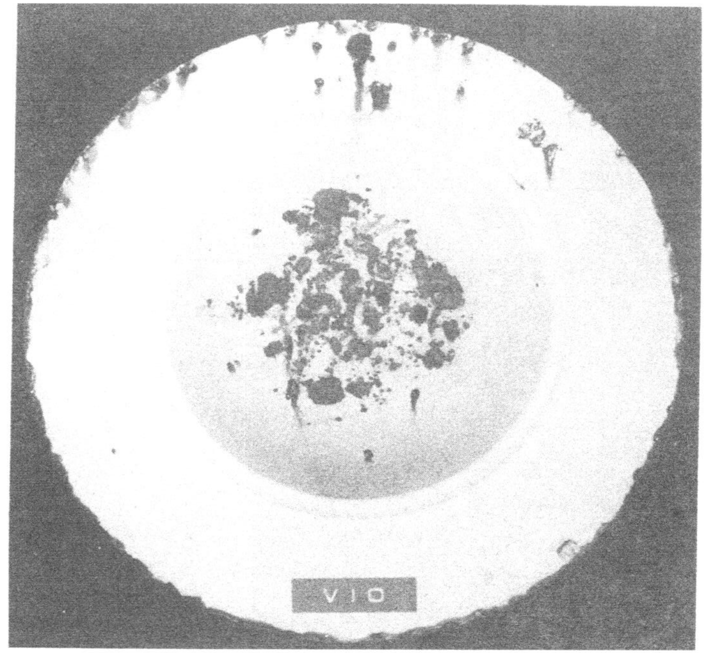

Abb. 77 Blasenbildung bei stärker umgeformten Tiefungsproben (Beultiefe 33 mm, 1000 Std. Schwitzwasser-Konstantklima) Versuchswerkstoff Nr. 4

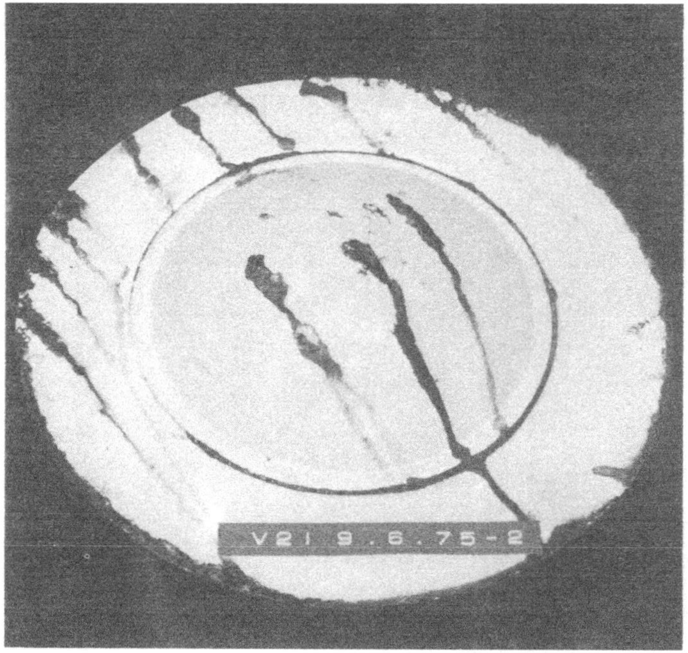

Abb. 78 Rostbildung an Poren in der Beschichtung (Beultiefe 30mm, 168 Std. Salznebelklima) Versuchswerkstoff Nr. 4

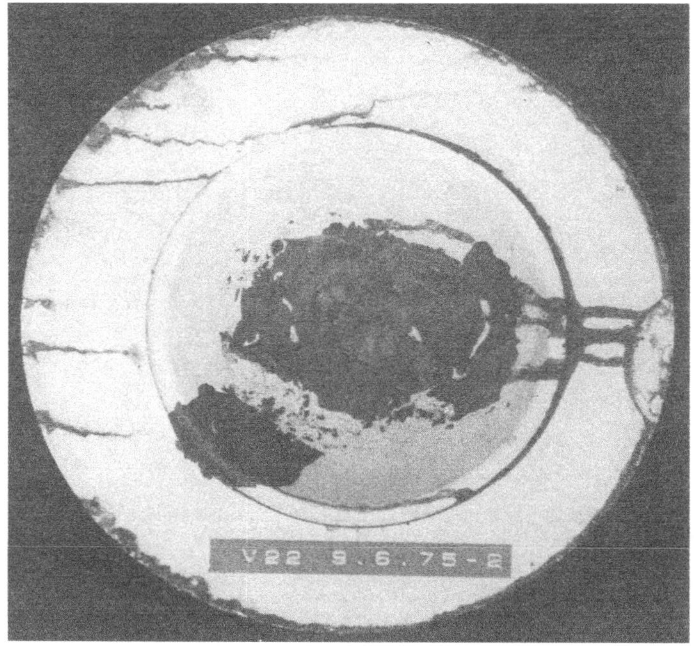

Abb. 79 Blasenbildung bzw. großflächiges Ablösen der Beschichtung (Beultiefe 33 mm, 168 Std. Salznebel klima) Versuchswerkstoff Nr. 4

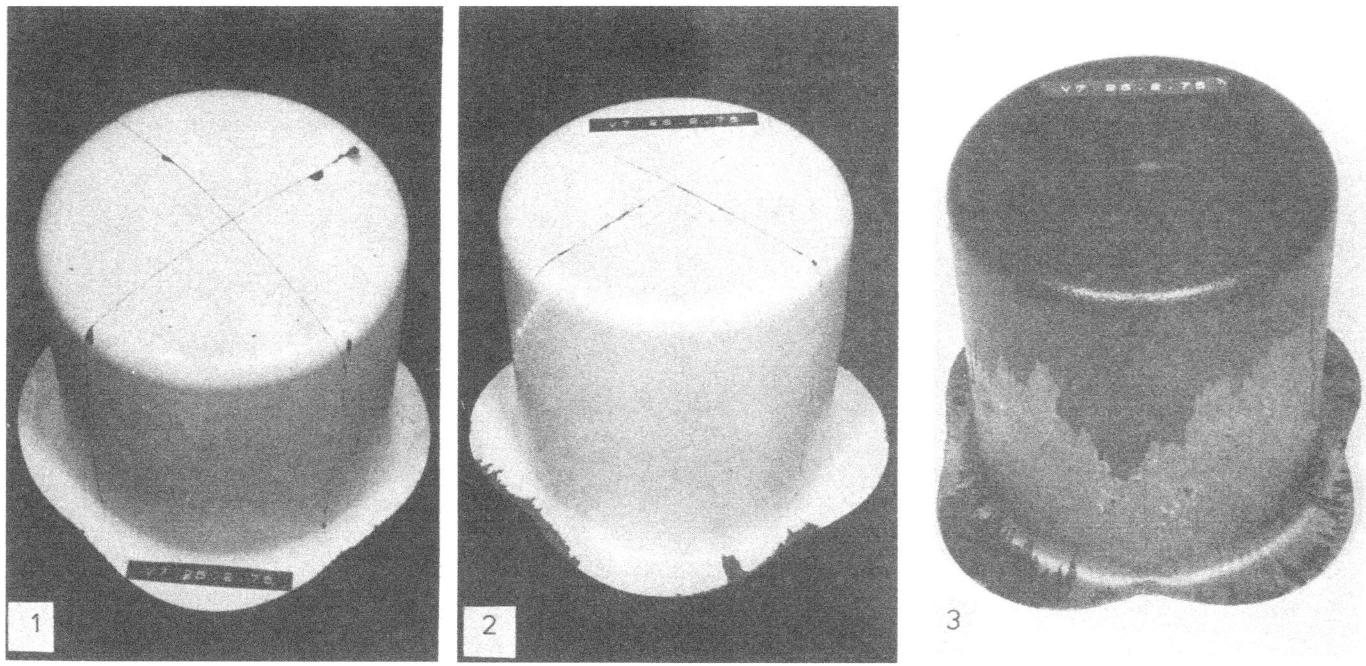

Abb. 80 Folienbeschichtete Werkstücke nach einer Lagerung von 1000 Stunden im Schwitzwasser-Konstantklima

Versuchswerkstoffe Nr. 1-3, Stempeldurchmesser d_o= 150 mm, Ziehverhältnis β_o= 2,35

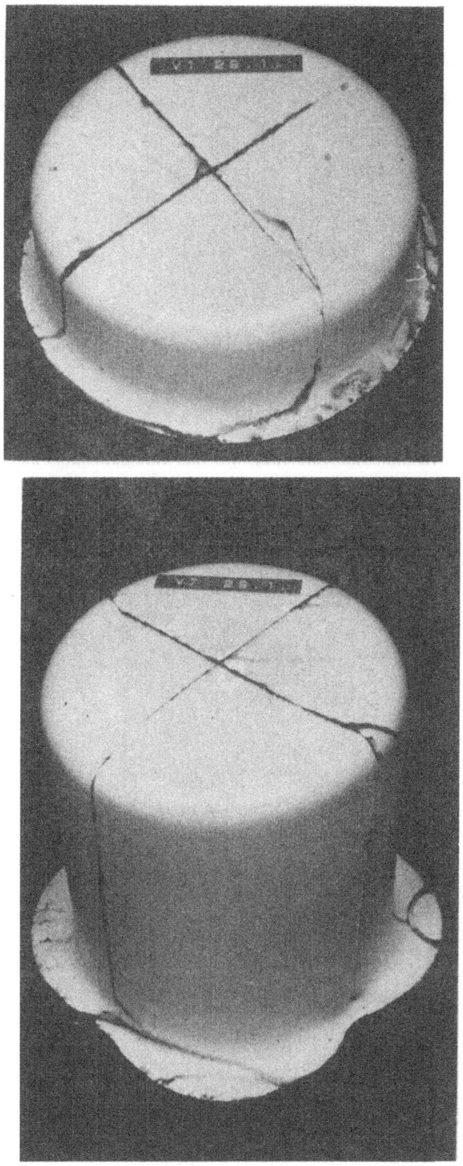

Abb. 81 Aussehen der Werkstücke nach einer Lagerung von 168 Stunden im Salzsprühnebel (Versuchswerkstoff Nr. 2, Stempeldurchmesser d_o = 150 mm, Ziehverhältnis β_o = 1,6 bzw. β_o = 2,35)

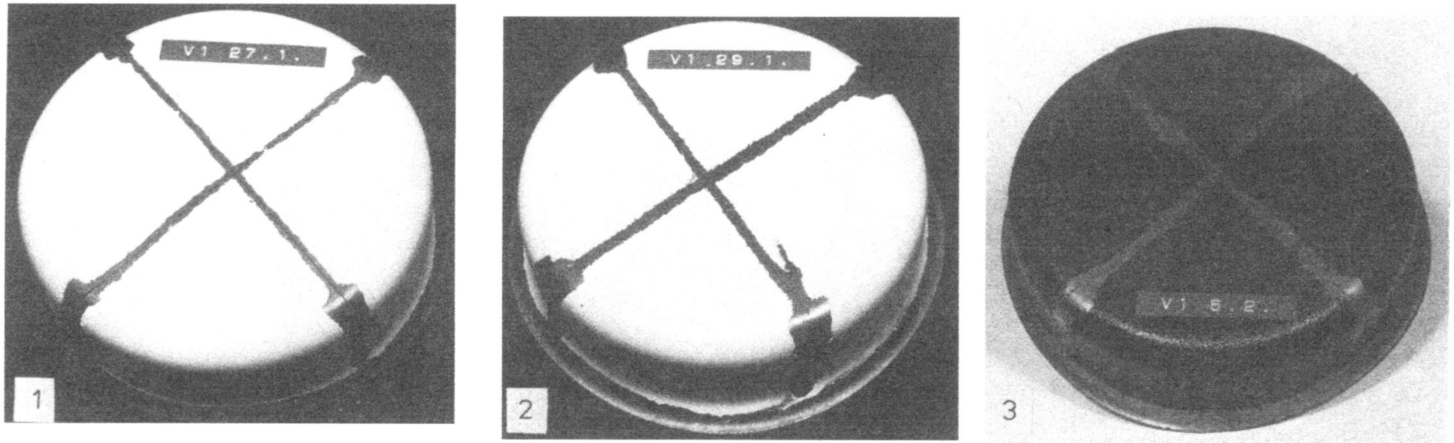

Abb. 82 Folienbeschichtete Werkstücke nach einer Lagerung von 168 Stunden im Salzsprühnebel

(Versuchswerkstoffe Nr. 1-3, Stempeldurchmesser d_o = 150 mm, Ziehverhältnis β_o = 1,6)

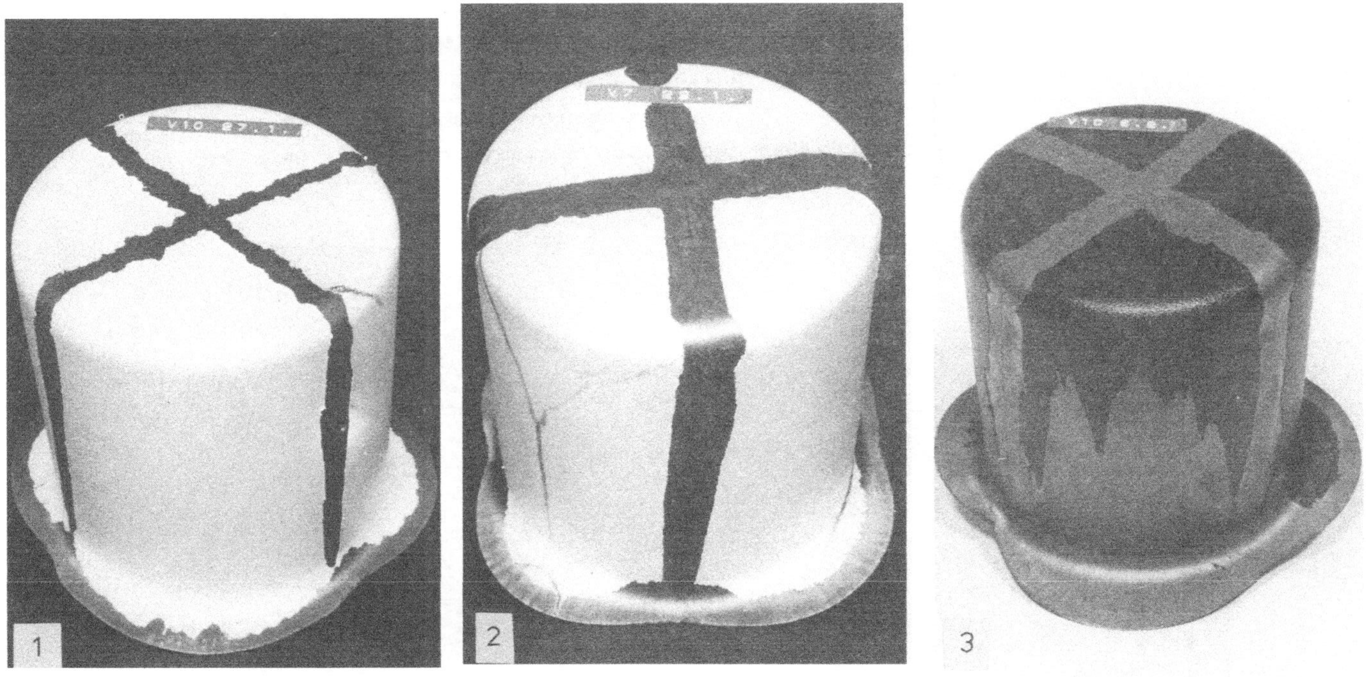

Abb. 83 Folienbeschichtete Werkstücke nach einer Lagerung von 168 Stunden im Salzsprühnebel
(Versuchswerkstoffe Nr. 1-3, Stempeldurchmesser d_o = 150 mm, Ziehverhältnis β_o = 2,35)

Abb. 84 Werkstücke ohne Folienbeschichtung nach einer Lagerung von 1000 Stunden im Schwitzwasser-Konstantklima
(Versuchswerkstoff Nr. 1, Stempeldurchmesser d_o = 150 mm, Ziehverhältnis β_o = 1,75, linkes Bild Trägerwerkstoff <u>mit</u> Kleber, rechtes Bild Trägerwerkstoff <u>ohne</u> Kleber)

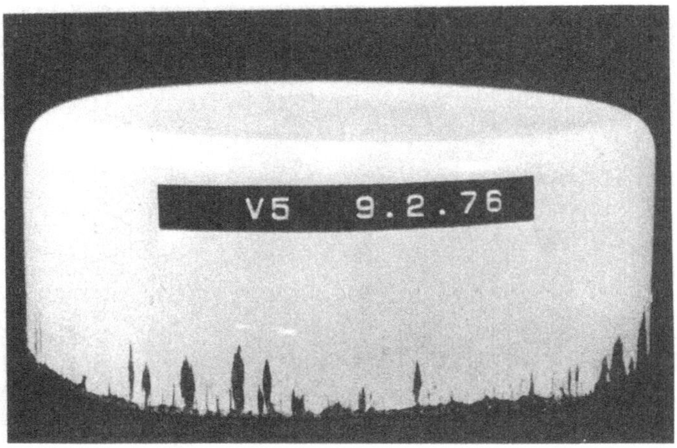

Abb. 85 Polyesterbeschichtetes Ziehteil nach einer Lagerung von 1000 Stunden im Schwitzwasser-Konstantklima (Versuchswerkstoff Nr. 4, Stempeldurchmesser d_o = 150 mm, Ziehverhältnis β_o = 1,6 ,
oberes Bild: Ziehteil nach Entnahme aus dem Prüfschrank
unteres Bild: Ziehteil nach Entfernen der losen Beschichtungsteile)

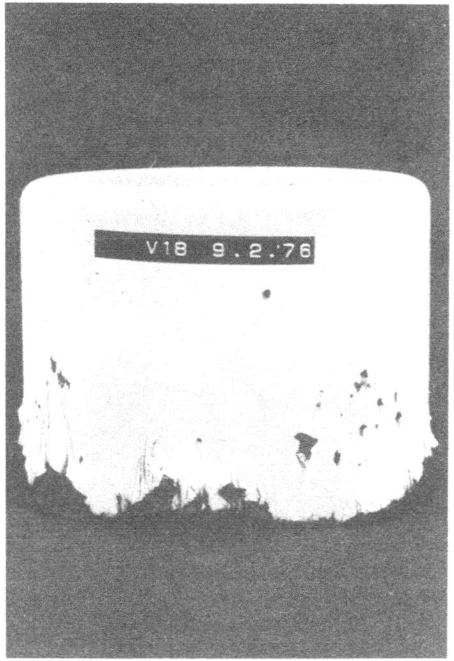

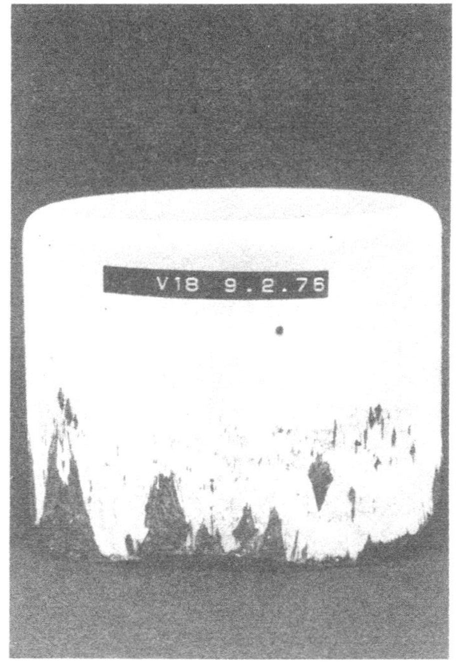

Abb. 86 Polyesterbeschichtetes Ziehteil nach einer Lagerung von 1000 Stunden im Schwitzwasser-Konstantklima

(Versuchswerkstoff Nr. 4, Stempeldurchmesser d_o = 150 mm, Ziehverhältnis β_o = 2,0 , linkes Bild: Ziehteil nach Entnahme aus dem Prüfschrank, rechtes Bild: Ziehteil nach Entfernen der losen Beschichtungsteile)

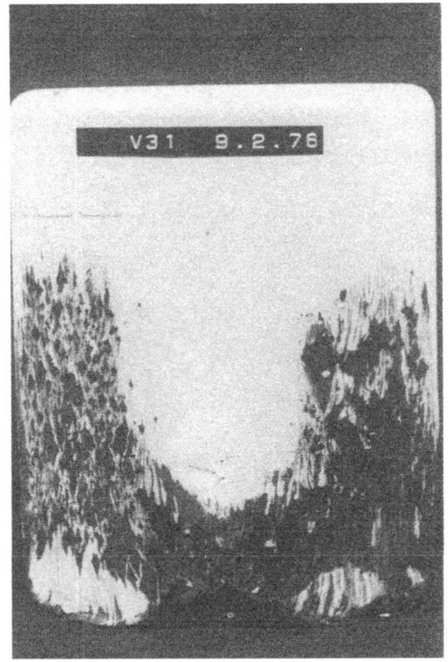

Abb. 87 Ziehteil nach einer Lagerung von 1000 Stunden im Schwitzwasser-Konstantklima. (Versuchswerkstoff Nr. 4, Stempeldurchmesser d_o = 150 mm, Ziehverhältnis β_o = 2,4 , linkes Bild: Ziehteil nach Entnahme aus dem Prüfschrank, rechtes Bild: Ziehteil nach Entfernen der losen Beschichtungsteile)

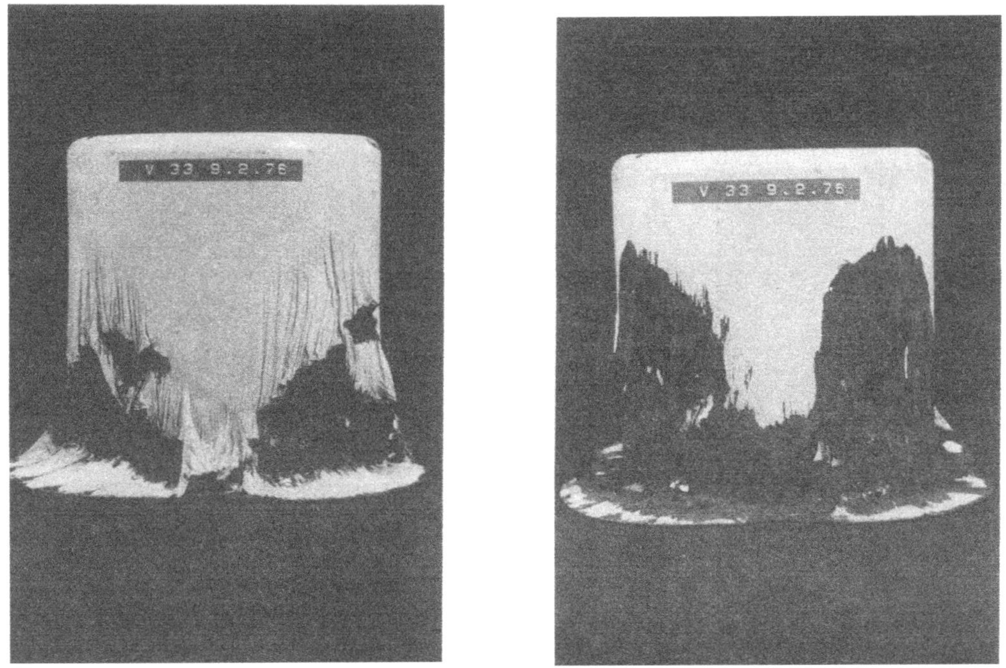

Abb. 88 Ziehteil nach einer Lagerung von 168 Stunden im Salzsprühnebel (Versuchswerkstoff Nr. 4, Stempeldurchmesser d_o = 150 mm, Ziehverhältnis β_o = 2,4 , linkes Bild: Ziehteil nach Entnahme aus dem Prüfschrank, rechtes Bild: Ziehteil nach Entfernen der losen Beschichtungsteile)

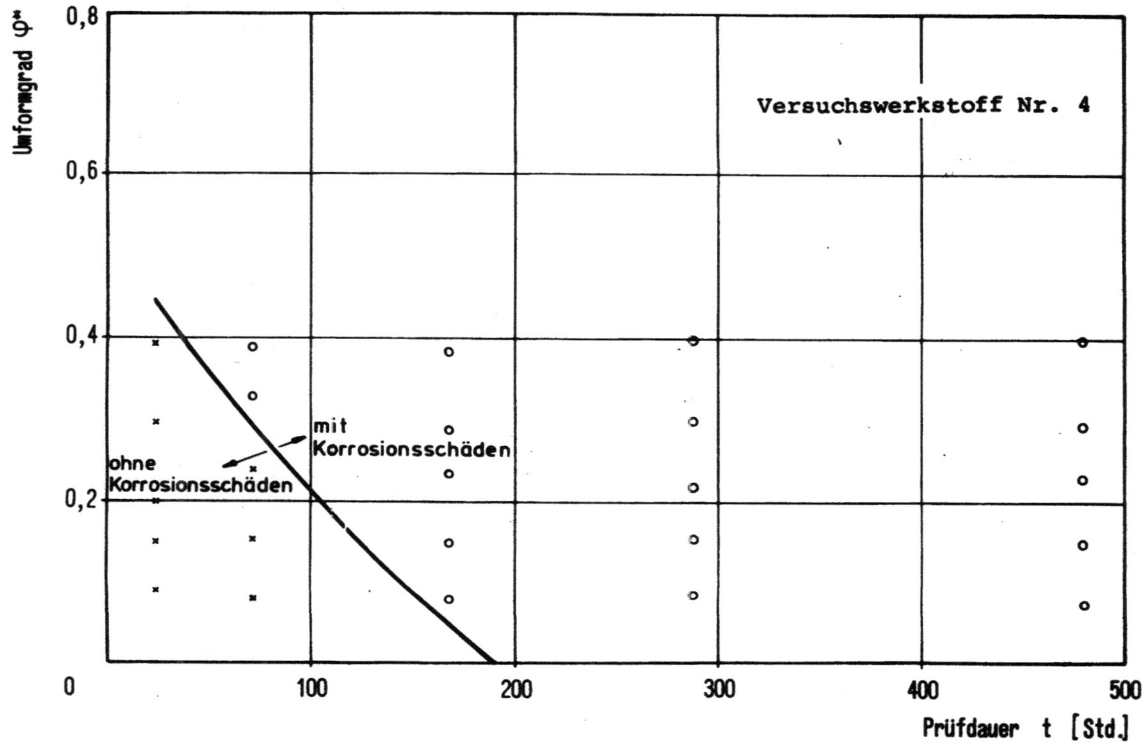

Abb. 89 Schadensgrenze an Zugproben bei Lagerung im Salznebelklima

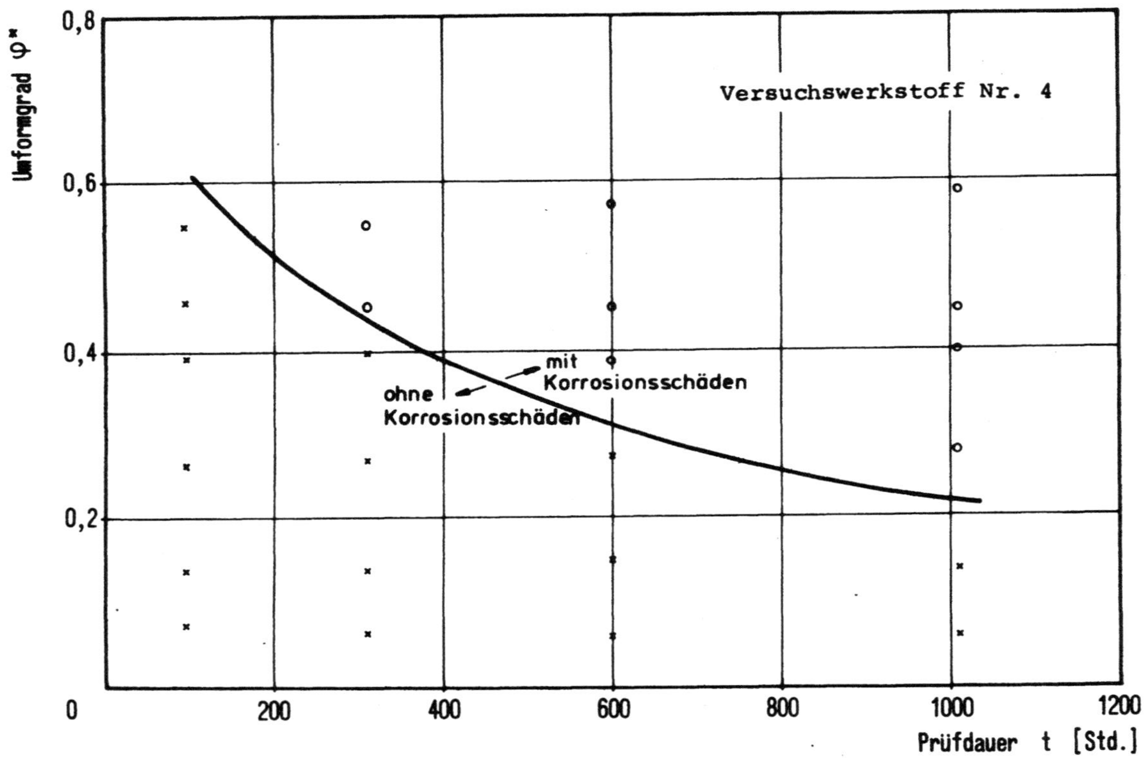

Abb. 90 Schadensgrenze an Tiefungsproben bei Lagerung im Schwitzwasser-Konstantklima

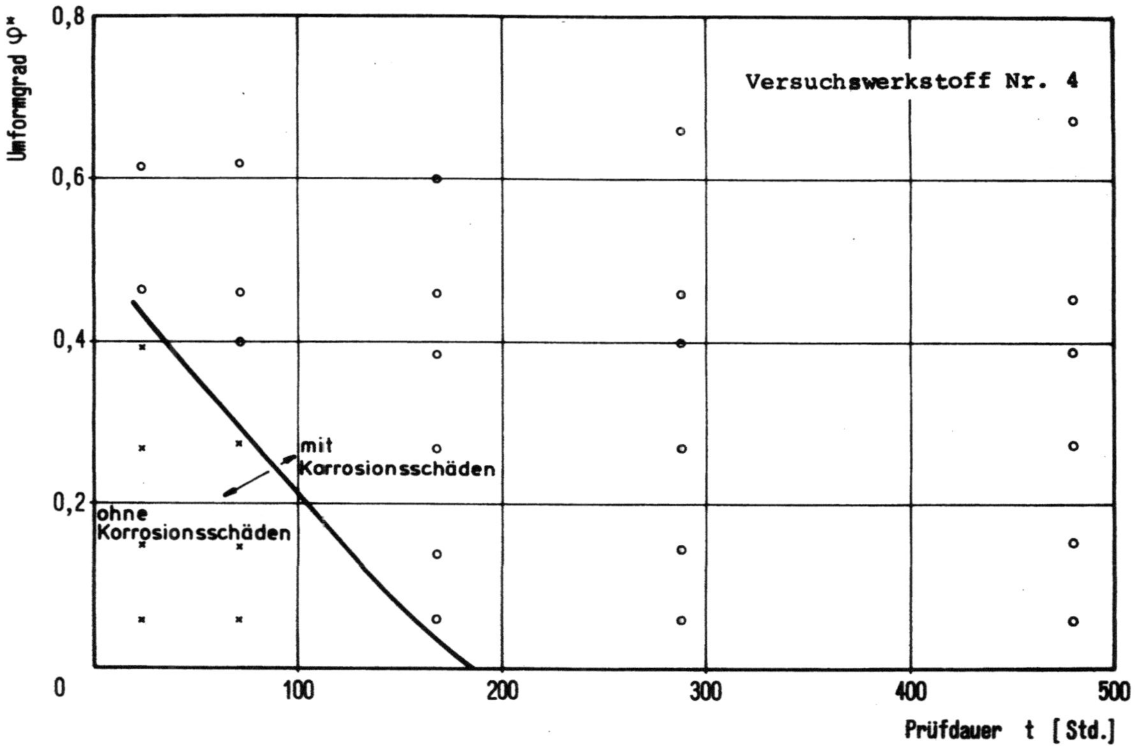

Abb. 91 Schadensgrenze an Tiefungsproben bei Lagerung im Salznebelklima

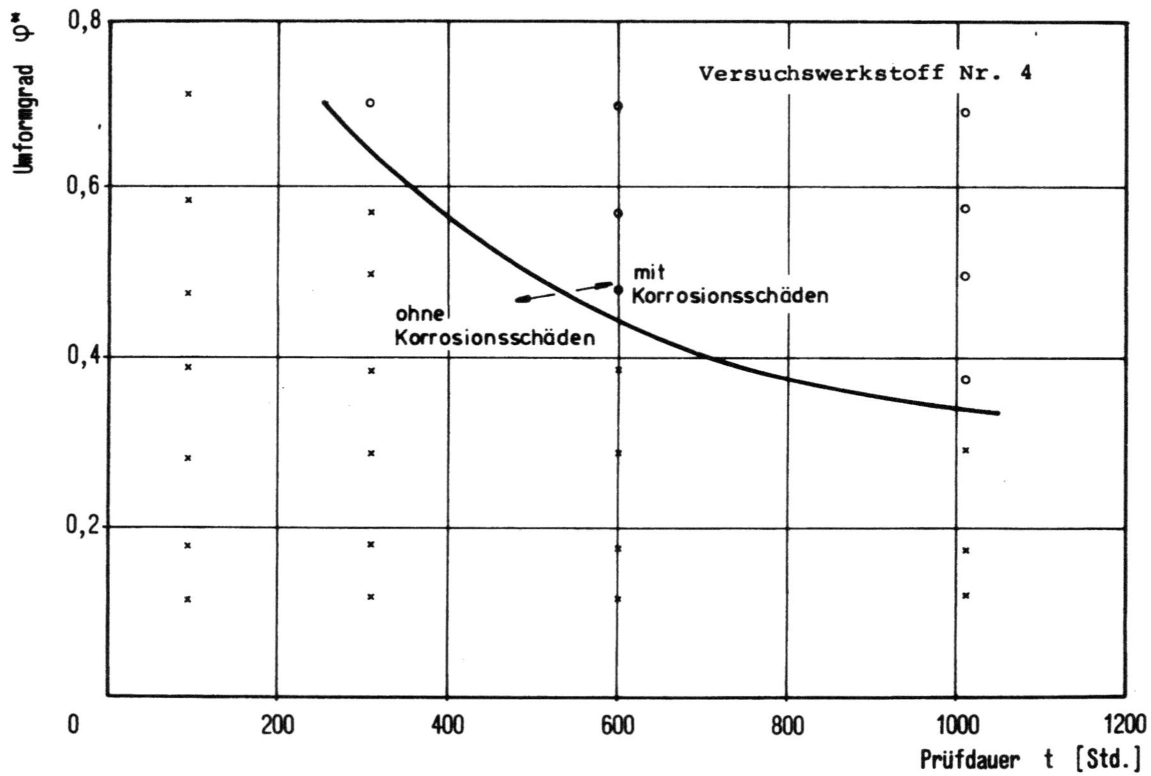

Abb. 92 Schadensgrenze an Tiefziehproben bei Lagerung im Schwitzwasser-Konstantklima

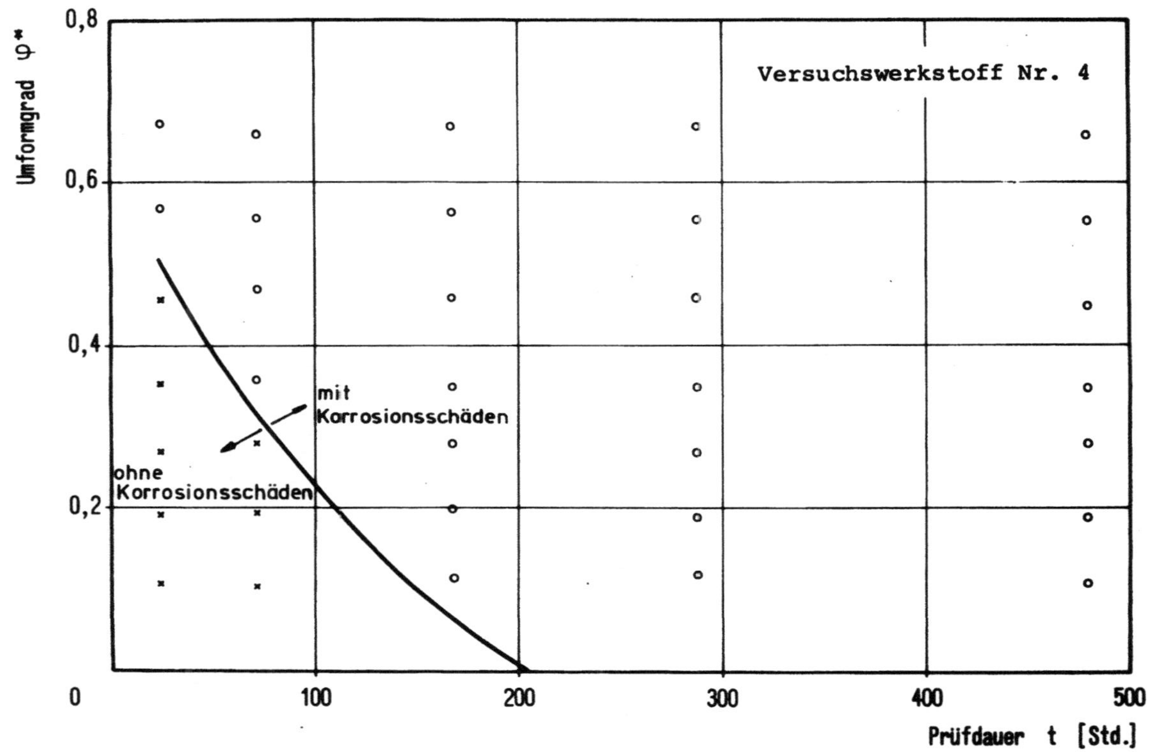

Abb. 93 Schadensgrenze an Tiefziehproben bei Lagerung im Salznebelklima

GPSR Compliance

The European Union's (EU) General Product Safety Regulation (GPSR) is a set of rules that requires consumer products to be safe and our obligations to ensure this.

If you have any concerns about our products, you can contact us on ProductSafety@springernature.com

In case Publisher is established outside the EU, the EU authorized representative is:

Springer Nature Customer Service Center GmbH
Europaplatz 3
69115 Heidelberg, Germany

Batch number: 10578397

Printed by Printforce, the Netherlands